企業風險
管理實務

葉長齡／著

目　次

第一章　風險管理導論

Imagination is more important than knowledge.

Knowledge is limited.

Imagination encircles the world.

— Albert Einstein

前言

　　十四世紀時歐洲的商業契約保險概念，可以說是風險管理正式發展的初始。德國在第一次世界大戰期間，由於經濟失序，出現了惡性通貨膨脹，為了使企業免於各種不確定性的損失，於是開始有風險管理的研究。但真正有進一步的發展是在 1929 年秋之後，美國由於遭逢經濟大風暴的危機，美國企業界及政府於是決心全力發展除保險外更積極管理風險的方法，於是風險管理又再度得到重視。隨後的發展過程中，有鑑於每一種專業與管理功能的侷限性及為了能有效解決錯綜複雜的商業經濟問題，於是在各領域學術界、專業團體的全面參與後，風險管理乃跳脫出傳統保險的損失填補原則及風險移轉觀念，轉而從商業、政治、法律、資產、財務（圖1.1）等多元領域組合管理方式來發展。

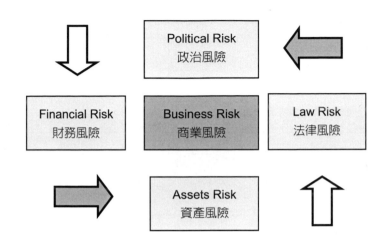

圖 1.1　風險組合

　　時至今日，企業面對錯綜複雜的全球市場，不論在營運方向、投資目標、股權管理、發展策略等結構設計上，除了著眼營收與利潤成長外，更須重視企業永續經營。風險管理已更進一步從融入東西方管理哲理與技術的方向來發展。即除了發展各種量化的方法與指標來管理風險外，更強調過程中能圓融的將人與人、人與事或人與物之間的衝突進行動態衡平式管理，該管理主要是將企業的資金、人才、技術、時間與事實性風險（Risk-What）、原理性風險（Risk-Why）、技能性風險（Risk-How）和人力性風險（Risk-Who）等營運風險（圖 1.2）進行融合的管理科學與藝術。

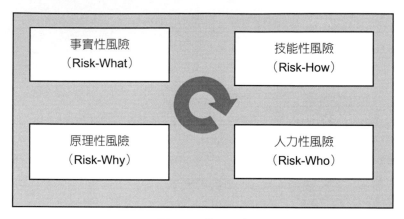

圖 1.2　營運風險

風險管理哲理

　　孫子兵法謀攻篇有言：「知己知彼，百戰不殆；不知彼而知己，一勝一負；不知彼，不知己，每戰必敗。」一般企業對與經營共處的風險，正在於忽視知己知彼的重要性，故常常在對所處理事務及環境的風險性感受或認知不足的情況下，就憑著過去成功的經驗與法則來做決策。然風險之所以非一成不變，乃是因人與人、人與環境間的互動不斷的在改變，是以過去時空下的成功模式，現在不一定仍可適用。

　　企業管理者凡事從經驗中學習，則無論如何盡其所能來經驗風險，終不免產生以有涯追無涯之憾。同時因企業風險暴露程度及發生的機率會隨著時間而改變，因此企業對於經營上的風險，可從正視風險本身「變」（change）的本質開始，

進而去瞭解變、管理變。本章認為易經「變」的觀點是很值得企業主作為參考的。易經又稱周易，易經起源依通說為伏羲氏藉觀察山川、大地及天象之變化後發明了太極，並劃八卦及推演六十四卦來闡明天地之理。及至周文王姬昌被殷朝紂辛軟禁於河南湯陰三年間，更加以推演出六十四卦卦辭，後經周公姬旦著述爻辭，並在春秋時代孔子加註彖傳、象傳及繫辭傳，以及歷代學者的不斷研究與衍生發展後，造就今日易經豐富哲學內涵之集成，並對我們中華民族文化有著深遠的影響。

　　江海能為百川之王，為其善處於低下，是以居位者，必以謙下，則下必衛之；執事者，禍莫於輕險，是以治險之道，餘者損之，不足補之，危者使安，傾者使正，懼以終始，則達無咎矣；又或孫子兵法所說：善戰者，先立於不敗之地，而不失敵之敗也。就本書作者的體認是，吉、凶、無咎、咎、及立於不敗與敗之地的多元風險管理哲理，這正是我們與西方講求利害關係與輸贏的二元對立式的風險管理哲理不同之處，而這也將是現今企業面對全球化極速競爭的憑藉。在此讀者可參考圖 1.3 風險管理哲理。其風險程度可分為 1 元吉；2 大吉；3 吉；4 無咎；5 悔 6 吝；7 厲；8 咎；9 兇等九種。

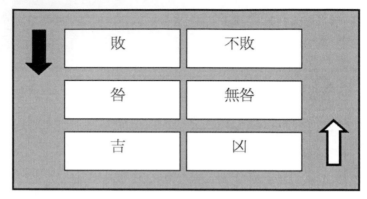

圖 1.3　風險管理哲理

風險管理原則

　　企業風險管理績效的產生非顯而易見，故企業常常忽略
了風險管理原則對於平日風險管理的重要性。如此可預見的
是企業後勤作業執行力穩定性的不足，使諸如：降低成本
（Cost down）、資源有效配置（Source Efficiency），資訊（IT）
與決策系統的整合等策略與績效的管理目標達成受到影響。
企業風險管理的原則，並無一定標準可言，企業可依自身狀
況來建置。本書在此舉例如：股東價值創造、全員有效溝通、
策略的互補、風險責任授權、透明化管理、文件完整記錄及
管理態度謙謹等原則供讀者參考。

股東價值創造原則

　　企業營運的目的之一，是為股東賺取利潤。風險管理若是與股東價值創造的重要原則相違背，那麼企業將難以實現股東價值的成長，利潤目標也就無法提昇；即不能僅因或有風險的因素，而影響各單位進行價值創造的機會活動，更不可因短期利益、卻傷害公司長期利益的事情。比如企業在會計風險管理上，對價值的評定應兼顧會計與非會計的資訊，例如軟體科技公司，其最大的資產就是無形資產，其研發人員又往往占大部分的員工比例，因此其企業價值若僅藉由傳統的會計報表加以表達，將無法顯示其潛在的人力效益。無形資產通常係指企業營業上長期使用卻不具實際形體的資產稱之，例如策略、技術、專利權、版權、特許權、租賃權、商標權、品牌忠誠度、知識經驗、行銷通路等。

案例　分析師稱××分拆可釋放股東價值

2012 年 10 月 08 日　新浪科技訊

　　××銀行分析師周一在接受美國財經頻道採訪時建議××分拆，這樣可以讓公司股價至少有 5 美元的上漲空間。分析師表示××應該進行分拆：「這樣做越來越有意義。我的研究表明，分拆後××股價將會超過 20 美元。」××股價周一報收於 14.46 美元，較前一個交易日下跌 0.27 美元，跌幅為 1.83%。按照這一收盤價計算，××的總市值為 284.3 億美元。

> 　　××還表示，××管理層仍然面臨諸多挑戰，品牌影響力日漸下滑。他的研究表明一旦分拆，××將可以釋放股東價值。在××CEO 發布了利潤可能下降的業績預警以後，該公司股價出現了大幅下滑。××表現最糟糕的業務部門正在拖累表現更好的業務部門。雖然我們對××如何擺脫當前困境沒有什麼良方，但我們仍認為在一天結束的時候，相比保持原狀不變，分家會是更好的選擇。
>
> 　　投資公司分析師也指出，全球 PC 市場增長乏力，境遇不同於 PC 行業的另一個重要參與者×××。他說：「×××看到了未來，這是投資者正在回報×××的原因。至於××，他們連當前的形勢都搞不明白。」

全員有效溝通原則

　　芝加哥西方電氣公司與哈佛大學在一九二〇年代後期，曾共同進行一項名為「霍桑實驗」的研究發現，支配工作效率的因素，除了工作時間、薪金制度與工作環境外，尚還有工作人員所持的情感態度等心理要素，而後者較之前者，對工作效率具有更大影響力。在風險管理實施過程中，風險管理者應秉持著同情心與同理心，廣泛地瞭解不同單位人員的意見，並與之溝通討論。討論進行中須注意的是必須瞭解對方思考模式，採用不同的溝通方式。但焦點則導向例如：如何使「公司價值提升？」、「如何讓天賦得到發展？」、「未來工作目標？」、「為什麼要進行風險管理？」等議題上。

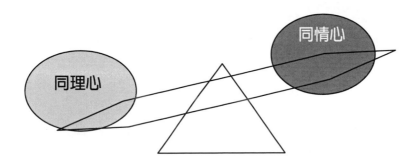

　　藉此除能凝聚公司員工對風險存在的認知外，更可改變員工對風險管理執行的態度，而這也將是企業的風險管理能否發揮成效的關鍵所在。亦即使風險管理觀念融入企業文化中，令公司每一位員工能擁有此核心價值觀念，他是一種我們就是要這樣做的想法。如此當有風險發生或可能發生時，才能讓員工願意一起面對及解決。

策略的互補性原則

　　企業商業經營活動的各種行銷、資金供需等方案，應有執行前及執行啟動後的風險管理計劃來互相配合。即除須先做好執行前完善的規劃分析與預防措施外，更應訂定具體的執行啟動後因應策略。如此一旦風險發生時，方能迅速予以消除、降低、並控制在企業可承擔範圍內。而企業在研擬風險管理策略模式時，須先對公司的商業經營活動計劃與政策，及產品的市場性與通路需求進行瞭解，並多加考慮不同構面潛在風險發生損失的可能性，以評估在何種運作模式下最能發揮其功效。

風險責任授權原則

豐田汽車前總裁大野耐一曾指出，豐田汽車的人性管理方式，使員工感覺工作有尊嚴、有價值、有意義，是豐田成功的主要因素。在風險管理上，可藉著風險責任授權的方式，讓風險管理能夠輕易貼近員工，員工在受重視、有價值、有意義的感覺薰陶下，將能令其自發性的配合組織整體目標及營運條件來執行風險管理的規劃。如此不但風險管理的效能得以發揮，員工的工作品質也將隨之提昇。惟過程中應秉持權限管理的原則，亦即無論是文件或是流程，都要能透過權限管控，達成風險責任授權。

透明化的管理原則

透明化的管理原則所要強調的是，風險管理的政策及流程對內及對外的透明度，以確保企業所揭露資訊及衡量指標之準確性與有效性。從投資人的角度來看，揭露資訊的準確性高，在投資人的眼中該企業的風險就低，同時它也會反映在企業募集資金的成本與股價溢價上。就股東而言，更可藉此瞭解管理團隊是否因過度重視任期內的營運績效，而損及公司的永續經營發展。例如，管理團隊藉由短期大量裁員的方式來提高獲利率，使得企業的知識經驗傳承產生斷層及對客戶的服務品質急遽降低，因而失去長期建立的企業形象及忠誠客戶。

案例：資訊透明化

　　為提高資訊透明度，須定期提供即時資訊，讓股東、財務分析師、股東協會、媒體與一般民眾能了解公司現況與重要業務活動變更。××遵守企業治理法規（Corporate Governance Code）之建議，每年公佈四次報告，說明業務趨勢、營利與集團財務狀況。

　　依據國家法令規定，集團董事會成員保證，於其所知的範圍內，××公司的財務報表、××集團的合併報表以及綜合管理報告內容皆為真實與公正。

　　××集團的年度綜合財務報表在會計年度結束90日內公佈。於會計年度中，股東與其他利害關係人則可透過第一季與第三季結束以前提供的半年財報與其他期中報告，來掌握最新發展。半年財報將主動提供予年度股東大會別特指定擔任稽核的監察人，由其進行查核。

　　××也會提供記者會與解析會議的資訊。此外，××也以網路為平台公開資訊，包括詳細說明重要資訊公佈與重要活動的日期，像是年報與季報以及年度股東大會。

　　××秉持公平公開之原則，提供所有股東與主要目標團體相同資訊，所有最新的重要消息將在第一時間公佈，股東也可以適時取得××在外國依當地股票市場法規公佈的資料。

文件完整記錄原則

　　企業一風險管理綜效的產生，大抵是由無數步驟流程與作業細節的管理累積所獲致，因此每一個步驟與細節，都會影響到管理的成效。而由於各產業及企業的特定環境、條件與特性均有不同的情況，故導致發生風險問題處亦有所差異。因此，在管理行動的過程中，不斷的蒐集、建立完整的文件記錄，是展現風險管理情況最好的方式，惟企業往往最易忽視即是風險文件的記錄管理。須知完整的風險文件相關資料，能讓企業在進行規劃管理時，有多元採樣分析的基礎，可減少無謂從零開始的錯誤與臆測，而節省企業更多的成本。

管理態度謙謹原則

　　企業在環境多變且具高度不確定性的市場中，除應對企業的員工、文化、客戶、供應商、產程、財稅、法律、資訊系統及所處生態環境等要有所瞭解外，更重要的是對所面對的人、事、物應抱持著謙謹的態度。究其原因，企業營運獲利所憑藉的乃是諸多人、事、物的結合造就，其不論是員工、協力廠商或客戶，都是不可或缺的環節。而有效結合造就的關鍵即是「謙謹的態度」。誠如清朝曾國藩先生所說：「天地間惟謙謹是載福之道，驕則滿，滿則傾。」

風險管理目標

　　商業風險管理的目標，因企業所屬產業特性及競爭核心能力的不同而有所差異。然本書認為：透過企業風險管理（Enterprise Risk Management，BRM），讓企業將有限的資源用於對的發展方向，使股東的最大利潤目標能不斷突破，同時又兼顧到和員工、顧客、社會及自然生態間的圓融動態關係，應是企業要追求的目標。為達此追求的目標，企業可從例如：強化企業永續經營的基礎、建置企業風險學習型組織、轉化企業內外部衝突、具體化企業策略實施風險、衡平企業社會責任的風險等目標的各個構面著手，茲舉例分述於下。

強化企業永續經營的基礎

　　企業應依據其市場核心競爭力、內部文化及外部所處環境的不同，進行階段目標的風險管理行動，以期使企業能保有穩定的成長與利潤來永續經營。而其重點主要為風險發生前的預防工作，風險發生時的應變措施及風險發生後的回復計劃。而當中又以風險發生前的預防工作之重要性，更甚於風險發生後的應變措施及發生後的回復計劃。

　　例如當企業所推出的產品被客戶投訴有瑕疵的問題時，企業若僅只把它視為小問題而疏於損失預防的處理，並僅以草率的方式回覆客戶，則將可能導致該客戶轉而在網路上張貼這個發現，以引起社會大眾對此瑕疵問題的關注，結果可

能是企業遭消費者要求回收產品及聲譽受損。因此，企業風險管理的首要目標為強化企業永續經營的基礎。

培育風險學習型企業文化

　　法國繆塞說：經驗是一個人封給自己的愚行與悲哀的名稱。在知識經濟的時代，知識應用已成為企業創造財富的要素，而有鑑於現今單位時間知識產出量呈倍數的成長，個人只憑過去的技能、原則、思維及經驗，實不足以應付現今知識快速產出的轉變。企業能否讓具有不同專業領域深度和廣度的員工所學習得來的知識，在應用時能有較低的風險，亦已成為企業能否擁有競爭優勢的關鍵。

　　企業可從日常商業經營活動管理的過程中，引導、教育、激勵員工進行風險管理態度、風險管理技能與風險學習因子（圖 1.4）與風險文化因子（Risk culture factors）（圖 1.5）融合練習，並提供員工能不斷吸收知識及價值創造的環境，這是培育風險學習型企業文化的重要基礎。當此種企業文化深植於員工內在並形成一種特質時，除了能降低因舊經驗產生的行為慣性影響到競爭力提升外，更可藉此激發員工的創造及知識應用能力，如此不但可快速地突破新知識與舊經驗差異，更能因此減少嘗試錯誤發生的風險成本，使企業具因應風險的能力。

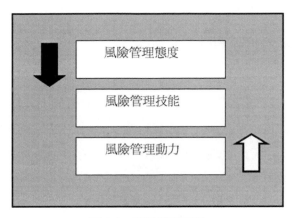

圖 1.4　風險學習因子

圖 1.5　風險文化因子

轉化企業內外部衝突

經濟的全球化，眾所周知企業須具有競爭力。本章引用歐洲工業及員工聯合聯盟（Union of Industrial and Employers Confederation of Europe）對於競爭力所下的定義：一個企業的競爭力是其在永續的（Sustainable）基礎上，透過有效的貨物及服務的提供，以較其競爭者為佳的能力，來滿足顧客需求。因此企業為能有較其競爭者為佳的能力，須持續積極調整或創新商品、組織、銷售或後勤作業等模式，以使企業能具有滿足顧客需求的價值。企業在上述過程中，內外部衝突發生是無法避免的，惟衝突過度會消耗企業太多資源。

衝突產生的來源，比方說台灣家族企業主年事已高要退休或突然過逝或生重病時，企業即面臨內部人員接班衝突的問題；又例如企業大陸地區工廠的各省市員工之間，因省籍意識在工廠內互結幫派引發暴動衝突；企業層級分明時，跨部門溝通協調的意見爭執衝突；企業的人事、規章、薪資、福利等制度改變招致員工群起反彈等衝突皆是。

衝突的轉化，應先從衝突各方的利害關係及文化差距來考量，並藉由良好的溝通協調方式，融合各方衝突至對企業最有利的局面。而在溝通協調時要注意聆聽的重要性，及衝突各方所要傳達爭議為何；利害關係判別上，可先將衝突的雙方目前個別需求做初步的瞭解。在找出衝突各方需求所在後，將有助於衝突問題的釐清與轉化。

具體化企業策略實施風險

　　企業能獲取利潤，是來自於與社會民眾、政治或公益團體等互動的結果。企業如果要永續經營市場，則必須要對周遭環境可能的風險，採取避免及降低損失的投資或營運策略行動。而當能夠具體化（Visualization）企業的策略風險，即儘量將策略的特性詳細化，並使損失的機率量化，使決策的執行能有更具體的參考依據。能如此，風險的問題其實已處理了大半（Risk well-stated is a risk half-solved），亦即在消除策略決策者的恐懼感與主觀的選擇性後，使企業的決策者將時間和資源用於有效的策略行動，方可不斷的從本業延伸核心競爭力到相關產業。

衡平企業社會責任風險

　　企業的社會責任（Social Responsibility），在道德上應是「取之於社會，用之於社會」，在法律上則應與環境及生態保護兼籌並顧。因為當企業產品製造、環境保護等發生問題時，將可能直接或間接影響到民眾身體健康及其生活品質而引發社會問題。故風險管理應使企業能在善盡社會責任與創造利潤之間，取得一個公益與企業利潤的平衡點。

　　例如企業增加對員工親屬的福利措施，或改善員工的工作環境，及對公益性社團的捐獻或活動參與等。衡平企業社會責任的風險，旨在使企業能獲取不被道德及法律爭議性問題困擾的利潤，並建立企業的社會形象和價值。一個能關懷

社會及善盡社會責任的企業，不但能提升企業的商譽及吸引優秀的人才投效外，更重要的是能使更多投資大眾對公司有投資的意願。

風險管理發展

企業在管理風險時，經常會參照本身及其他企業過去風險經驗資料數據來預測管理未來可能發生的風險。惟因風險因子的多變異性，致常發生愈長期的風險預測精確度愈低的困擾。企業需瞭解的是，風險管理沒有所謂速成的方法。因此，每個企業都應該積極朝合適於本身企業體質與文化的管理方式來發展。惟不論是否為逐一，或同時從決策管理、作業管理、資訊管理、組織管理或業務管理等構面來著手發展，因各構面間的互動並不是一個直線型的關係，故初期不妨藉著各構面間彼此不斷的互動來調整，以找出合適於企業的風險管理模組。

本世紀的企業，在面對政經情勢詭譎多變的風險時，不論執政者或企業界，對於企業風險管理實應予以重新剖析及正視。也惟有藉著風險管理的發展，方可使目標管理、策略規劃、組織變革、經營控制等綜效能加以發揮，並使企業能在穩定中求發展。對風險管理模組建立的評估舉例如表 1.1。

表 1.1　模組評估

一、風險資訊蒐集來源與單位。
二、可承受風險度之分級標準。
三、風險管理的價值觀。
四、風險管理的短、中、長期目標。
五、企業所能提供風險管理的人員、經費。
六、風險管理執行的項目與權限。
七、風險管理績效的評估指標與標準。

風險管理分類

　　企業風險管理的分類，依風險有無利得機會，分為只有損失的機會，而無利得機會的純損風險管理，或稱靜態風險（Static Risks）管理。以及除了有損失的機會外，尚有獲利可能之機會風險管理，或稱動態風險（Dynamic Risks）管理。依風險是否具管理性，分為可管理風險（Manageable Risks），即可藉由技術、科技、知識等方法予以有效管理；及不可管理風險（Unmanageable Risks），即藉由技術、科技、知識等方法，無法予以有效加以管理者是。

　　從商業保險立場而言，則分為可保風險（Insurable Risks）管理，即保險公司承保者，如財產、人身、責任風險等；及不可保風險（Uninsurable Risks）管理，即保險公司不承保者，如暴動、戰爭等風險。而依風險是否具有連續發生性，分為連續性風險管理，如變動的利率；及不連續性風險管理，例如突發的鍋爐爆炸。而本書則依企業所面臨風險的來源與關聯性，

19

將商業風險管理分為政治風險（Politic Risk）管理、法律風險（Legal Risk）管理、交易風險（Trade Risk）管理、財務風險（Finance Risk）管理、資產風險（Assets Risk）管理等。

對此，讀者可參考本章圖 1.6 之風險管理模組。此模組乃作者按易經離卦之哲理所衍生，其卦辭為「離，利貞亨。畜牝牛，吉」；彖傳闡釋為「離，麗也；日月麗乎天，百穀草木麗乎土，重明以麗乎正，乃化成天下。柔麗乎中正，故亨；是以畜牝牛吉也」。亦即企業對所面臨的風險，要能夠按照合適於企業的風險管理原則與方法，適時謹慎的隨著風險空間及風險期間之不同，來調整對風險的認知及管理行動，以期使企業能在競爭激烈的市場中穩健平順地發展。在此要說明的是，因著企業所處的不同商業情境，是故所適用的風險管理模組即不相同。

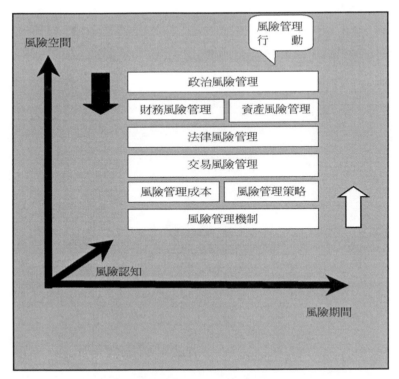

圖 1.6　風險管理模組

風險管理執行

　　愛迪生曾言：「成功來自於一分的天才，及九十九分的努力。」風險管理亦然。為使企業員工能遵循與落實企業風險管理九十九分的執行，建議企業可訂定風險管理行動手冊。企業風險管理行動手冊訂定前，可先從運作規則、執行利益、

事實依據與風險部位（圖 1.7）著手進行瞭解，並融入企業文化、體質及產業等特性。通常能由上而下的進行政策性的確立，然後再由下而上的匯整行動內容與方法時，較易取得成功。當企業主或董事會將風險管理職權正式賦予某部門或職位時（例如風險管理部、風險管理委員會或風險管理經理等），該部門或職位在獲得協調整合各組織單位的風險管理權責後，即可進行風險管理行動手冊規劃。

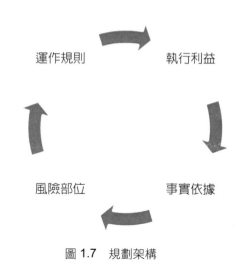

圖 1.7　規劃架構

　　風險管理行動手冊的制定，應盡量朝向使企業之作業順暢為前題；並藉由風險管理的工具、方法等，使風險管理權責集中化與標準化，以期各部門將風險的衡量、監督及控制等行動與企業的經營活動目標相結合。如此將使董事會與管理階層能擁有足夠且廣泛的資訊進行風險與報酬取捨的決

策。讓企業能在市場中獲取利潤。風險管理行動手冊內容文字則應力求簡潔、明瞭、實用，如此才不會產生員工看不懂或過於複雜難以執行的問題，讀者可參考本章附錄風險管理行動手冊綱要之舉例。

附錄

風險管理行動手冊綱要

風險管理行動手冊綱要	
1. 風險管理政策	
2. 風險管理組織架構	
3. 風險管理權責	
4. 風險管理的實施程序	（1）程序名稱及目的 （2）程序範圍或對象 （3）程序名詞定義 （4）程序相關文件
5. 風險管理的績效指標	
6. 風險管理的執行作業	
7. 風險事故的應變計劃	

第二章　風險管理成本

前言

　　企業除每年、每季、每月計算實際成本的會計制度運作外，在講究競爭速度的通路市場，建議企業可依各類作業流程的預算基礎來導入風險管理成本的管理機制，以迅速準確估計出商業經營活動的相近成本，以應對競速通路市場的挑戰。因此本章定義企業「風險管理成本」為：企業為因應競速通路市場的挑戰，以作業流程預算為基礎來估算商業經營活動所必須及可能須支付的變動及固定成本。

　　例如為因應通路市場的挑戰，在評估整合各事業單位的風險管理成本後，以事業單位分割方式，來有效增進各單位的成本運用效率性。至於商業經營活動所必須及可能須支付的變動及固定成本，比如說設備緊急維修或檢驗等費用；倉庫淹水後的清理恢復費用、員工因職災住院期間的醫療補償費用；法律訴訟、環境污染處理、法案遊說、政治捐款等費用皆是。此為本章以下各節所要討論的重點。

風險成本意義

企業存在的正當性,是讓企業能創造利潤,誠如日本松下幸之助先生所說:企業利用了社會的資金、人才,卻未創造利潤,是社會的罪惡。孫子兵法言:合於利而動,不合於利而止。彼得‧杜拉克亦曾說:「企業經營之首要任務是生存,但最高指導原則並非獲取最大利益,而是避免損失」;及「任何組織,包括人或機構,如果不能為它(他)所置身的環境做出貢獻,在長期下,就沒有存在的必要,也沒有存在的可能。」由於成本是風險管理的核心。因此成本正當性,是風險管理規劃的先決條件,即要讓成本是在對等的環境和機會之上進行,從這個意義上而言,成本正當性意味著義務以及權利的精神、原則和要求。

孫子兵法言:途有所不由,軍有所不擊,城有所不攻,地有所不爭,君命有所不受。故將通于九變之利者,知用兵矣。例如:當市場信用制度不健全及大環境景氣不佳時,企業考量擴充銷售規模的經營環境和機會時,可先從所處的環境和機會來進行客戶信用分析。因此,為使企業能有利潤以求存續,不論企業經營決策者的風險偏好為何,或企業有多宏觀的業績目標或者發展方向,企業的商業經營活動,應輔以企業風險管理成本的機制,以確保存續利潤來源的穩定性,故企業對於風險管理成本的存在,自必須視其為不可避免的存在事實,方不致因對企業風險管理的忽略而影響到企

業的存續利潤，故風險管理成本的正當性為使企業能有利潤
以求存續。

風險成本效益

　　為使企業的各項營運資訊不會因管理層彼此之間利害關
係的不同，或不同角度的解讀方式，產生企業營運資金配置
的輕、重、緩、急失序問題，如何運用資訊系統及時掌握風
險管理成本的資料，使經營活動在執行前能先研判出可能的
風險與產出結果，並從風險中找出影響產出結果的因素；亦
就是藉由風險管理成本來透視企業的商業經營活動，進而輔
助企業能發揮風險管理的效能以獲取利潤。故總體來說，實
施風險管理成本的管理機制能使業務主管、財務長或執行長
等管理層，迅速了解諸如商品對外報價、財務盈虧毛利及會
計結帳等企業各項商業經營活動的成本配置風險，以期能及
時重塑機會成本配置的結構。

　　例如勞基法規定不論是定期或是不定期勞雇契約，終止契
約後的三個月內若重新簽訂新約，則前後勞雇契約的年資要合
併。因此要吸引離職未超過三個月的員工回任，其成本配置風
險即為風險管理成本所要估算的。又例如消費者保護法規定經
銷商就商品或服務所產生的損害，是要和設計、生產、製造商
品或提供服務的企業經營者連帶負賠償責任，除非經銷商能證
明它對於損害發生的防止避免已經盡了相當的注意，或者雖然
沒有注意防止，但是縱使有注意也不能防止損害發生時，經銷

商才能免除責任。故「免除責任」的成本,是經銷商的風險管理成本中所應估算「必須」或「可能須」支出的項目。

　　在此要再次強調的是,由於風險管理成本是以各項作業流程預算為基礎的延伸綜合,因此其並非單純的財務行為,他是銷貨預算、人事預算、生產預算、投資預算、營業費用預算等的整合性估算,因此須有所涉及的業務、行銷、財務、人力等單位人員的配合。而其與實際會計成本支出的差異,除用成本差異的科目來做調整與管理外,亦應定期就預算差異部分深入分析,並追查可預期與不可預期的因子,以兼顧風險管理成本的時效性與正確性。

案例　新任×塑化董座四面向著手工安變革管理

　　×塑化今天召開臨時董事會,通過前××石化董事長陳××接任×塑化董事長。在臨時董事後召開後,陳××今天下午正式對外表示,接掌×塑化董座後未來將以工安變革管理為第一,也會就薪資報酬來調整。將以四面向進行工安變革管理,第一是設備本身問題、第二是人員疏失和技術、第三是營運設計問題、第四是管理制度層面。陳××說明,這四項層面都是與工安事故相關,例如:管線鏽蝕、人為技術疏失、人員加強訓練,以及值班營運管理制度等。

　　陳××指出,×油在 1996 年工安事故特別多,當時日本廠參訪後建議改善事項,就是人員執行落實還沒有徹底。工安文化就是要上行下效,要從高層做起,工安現在最重要的事,任何事情都不能牴觸。工安文化變革也包括人員獎懲,

由於×塑化底薪並不是很高,若績效很好,年底才有獎金。為提振士氣,會深入×寮廠各基層討論薪資制度,並要求×寮廠各單位提案工作環境安全潛在危機。變革管理也會對管理執行 SOP 修正,會有緊急應變的計畫。

2011/09 鉅亨網

風險成本規劃

當企業的各類商業經營交易活動之總收入及總成本,使企業維持在損益兩平點(Break Even Point),並又同時保持企業於風險管理成本規劃內時,本章對此時企業的風險管理成本定義為:**邊際風險值**(Value at Margin Risk,VMR)。由於邊際風險值會隨著環境、時間的不同而改變,企業在估計風險管理成本的年度預算時,若僅以過往數字為估計基礎,將導致訂定的風險管理成本與實際產出目標相去甚遠,致企業產生許多風險曝露的部位。故企業應在作估算前,先對風險管理成本的模組及效益,審慎合理的量化出對資產和獲利能力的影響性,從而把不確定的風險能規劃在風險管理成本費用內,以維持企業的存續利潤。例如不向銀行借款而直接發行無擔保轉換公司債(表 2.1)。

又例如航空公司的風險管理成本中,對邊際風險值影響性最重要的兩個項目就是機師與飛機維修的成本管理,因為機師與飛機維修的品質關係者飛航的安全性,而飛航的安全正是航空公司的重要核心競爭力。又例如台灣的消費者保護

法規定經銷商若改裝、分裝商品或者變更服務內容，因為其性質已非單純經銷，故將被視為與重新製造無異，將被認定須和設計、生產、製造商品或提供服務的企業經營者負損害賠償責任。因此，「改裝、分裝商品或者變更服務內容」是經銷商的風險管理成本中，對邊際風險值影響性的關鍵項目。

　　換言之，企業風險管理成本預算在編審時，應將重點放置於最具獲利潛力業務，或風險發生後會造成損失影響性較大的事項，如此將更能有效發揮風險管理成本效益及提高企業利潤。

表 2.1　無擔保轉換公司債

日期：20xx 年 07 月
主旨：公告本公司國內第三次無擔保轉換公司債轉換價格不調整、不重設。
說明：
1.事實發生日：
2.公司名稱：TS-co.
3.與公司關係（請輸入本公司或聯屬公司）：本公司
4.相互持股比例：不適用
5.發生緣由：本公司國內第三次無擔保轉換公司債轉換價格不調整、不重設
6.因應措施：
(1)依本公司國內第三次無擔保轉換公司債發行及轉換辦法第十一條第四項規定，如遇本公司配發普通股現金股利占普通股股本之比率超過 15%，應就超過部分於除息基準日等幅調降轉換價格。惟本公司××××年所配發股利所占比率未超過 15%，故決議不調整轉換價格。

風險成本利潤

當企業的各類商業經營交易活動之總收入及總成本，讓企業年度結算獲取利潤，並維持企業於風險管理成本規劃內，此時的企業風險管理成本，本章定義為企業的**利潤風險值**（Value at Profit Risk，VPR）。由於企業可運用的資源有限，因此利潤風險值的管理除有助於企業資源分配的時效性與合理性外，更有助於衡平因成本預算控制而影響到企業實際動態發展的機會。

例如當企業所處產業的產品價格變動非常劇烈，或企業面對價格破壞而又無法進行擴張性支出時，企業便間可運用公平交易法有關聯合行為之規定來進行策略聯盟，使企業交易的風險管理成本能達成利潤風險值的目標。又例如企業在進行客戶關係管理的風險管理成本計算時，除商品相關的成本外，滿足具貢獻度之客戶所需求的服務作業成本，是風險管理成本能否達成利潤風險值目標的關鍵。

因此若將利潤風險值的管理具體實踐於企業營運活動中，則當市場及通路狀況不如預期，且整體產業情勢又改變的情形下，因企業風險曝露（Risk Exposure）部位已有效控制，則藉交易成本的降低維持住了利潤。再者經由利潤的轉投資，企業又能獲取更多的利潤。且由於風險管理規劃得宜，使員工與顧客的生命及安全獲得保障，從而又贏得社會及員工對企業的信賴及尊敬。

案例　11 月聚合物欠佳，芳香烴表現強勢

　　××集團 11 月產能利用率進一步提升，帶動月營收再度成長。然而，由於烯烴價格回落與庫存持續延後回補，造成聚合物價格下修，我們預期××11 月份營業利潤表現將受衝擊，同時烯烴價格下滑與油價不振亦將削弱××化的核心營運表現。最後，×××化與×亞受惠芳香烴與 MEG（乙二醇）強勁表現，預期 11 月份獲利表現較為亮眼。成本續低且價格走高，核心業務 12 月將持續恢復。我們相信××集團核心業務將持續恢復，理由為：

(1) 11 月烯烴價格下滑，由於成本變化較現貨價格延後一個月反映，12 月起××與×亞將雨露均霑。

(2) 農曆新年將激勵終端使用者展開庫存回補，因此我們相信聚合物與其他下游產品 12 月形勢將優於上游。留意××科近期私募案動向。

　　針對××科私募案，××集團將決議各成員的最終認購比例。儘管此消息早已在十月份宣佈，我們仍須提醒此類題材不斷扮演××集團利空，故建議多加留意。

風險成本模組

　　當企業的成本會計制度，導入風險管理成本的機制，本章定義該企業的成本會計制度為：**風險成本**（Risk-Based Costing，RBC）制，對此讀者可參考本章圖 2.1 與圖 2.2。由於商業風險管理的方式會隨著企業所屬產業及各別的不同而

有所差異，企業很少能將其他企業已經設計好的風險管理成本模組完全套用。

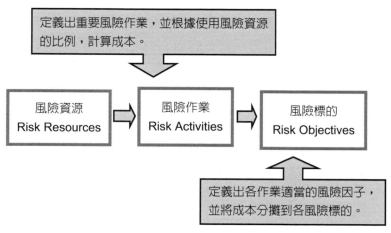

圖 2.1　風險成本（Risk -Based Costing，RBC）制

比如地區的汽車駕駛人在道路駕駛時，若習慣與前車保持很短的距離及紅燈轉綠燈時加速。則在該區組裝生產的汽車，在剎車系統的部分，通常會再調整強化剎車的安全性，因此其風險管理成本自然與在其他無此習慣地區組裝生產的成本有所不同。又例如經營批發商通路與零售商通路的風險管理成本，會因為通路商的倉儲空間、進貨次數與送貨時效要求的不同，有不同的企業風險管理成本。

或例如大陸民法通則規定，向人民法院請求保護民事權利的訴訟時效期間為二年，但同法又規定身體受到傷害要求賠償的、出售質量不合格的商品未聲明的、延付或者拒付租

金的、寄存財物被遺丟失或者損毀的，訴訟時效期間則為一年，因此企業在處理不同訴訟時效期間的案件時，即有不同的風險管理成本。

又例如大陸地區稅法規定銷售折扣（現金折扣）是為鼓勵買方及早還款而給予的折扣優惠，銷售折扣發生在銷貨之後，屬融資性理財費用，不得從銷售額中減除來計算增值稅；而折扣銷售（商業折扣），係購貨量大而給予的價格優惠，且折扣是在實現銷售時同時發生的，因此若銷售額和折扣額在同一張發票上分別註明，則可按折扣後的餘額作為銷售額來計算增值稅，故企業對不同方式折扣促銷活動的風險管理成本計算即有不同。

另有關於風險管理成本的歸屬問題，首先應就分類帳目中相關的費用項目做分析，然後再依企業所屬產業及狀況進行風險管理成本的分攤，例如生產製造廠商可將屬於直接人工的風險管理本費用，以機器運作小時數的換算方式，分攤至各部門或成本中心。又例如發電設備的風險管理成本費用可依各成本中心所屬機台使用的電量比例來分攤。不動產的保險費用，則可依廠房占地面積來分攤。

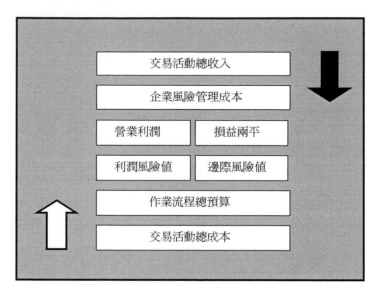

圖 2.1　風險成本模組

風險成本案例　HH 鬥魂米果市場無敵

　　「走進××總部，會經過一幅 HH 油畫。油畫大約兩層樓高，HH 的精神啓發了我。」××集團董事長×××強調。「HH 精神」就是勇敢面對挑戰，不怕有更大的火拚，戰鬥力十足，屢戰屢敗還是堅持到勝利。正是這種「HH 精神」，讓××得以在一九九九年之後，勇敢迎戰大陸風起雲湧的競爭者。

　　很難想像在轉戰大陸不到兩年時間內，大陸出現了上百家的競爭者。在二〇〇〇年之前，××碰到的唯一一次威脅是在一九九七年，生產方便麵的集團也投入資金，從日本買入設備，但畢竟還是面臨技術及品牌的問題。但到二〇〇〇年之後，大陸製造業慢慢具有機械設備的開發能力，特別是食品加

工機器的開發。於是過去動輒千萬美元的米果機器，大陸地區開始有能力仿製了，而且價格只要十分之一。

大幅降價四成

日本米果市場剛開始時也只有少數幾家，最後卻高達四百多家，就是因為市場的領導者無法與其他競爭者拉開距離，所以小廠林立，最後大家的利潤都很低。×××很擔心歷史重演，特別是日本一億三千萬人口就可以出現四百多家公司，那麼中國的人口十倍於日本，按照比例推算，未來豈不是會有四千家？所以×××寧願大幅降價，避免出現四千家公司彼此競爭的市場。但是結果出乎他的意料之外，××原以為大幅降價百分之四十，就能大幅逼退競爭者，但一個月後並沒有達到明顯嚇阻效果，甚至有廠商跟進降價，也降了百分之四十，而且還存活得很好！

於是，××從生產流程、財務會計系統、市場營銷人員等，研究大陸競爭對手的動向，這才了解，原來大陸米果工廠從人工成本、機器設備、原料成本、稅金計算方式都和××不一樣，成本低得難以想像，不只是機器設備成本只有××的十分之一，有時原料的價格甚至只有百分之一。

推出副牌迎戰

二〇〇一年，××對外對內有兩項關鍵性的策略：一是「對外」推出副品牌策略，先在中等價位市場推出「HH」；又在鄉村平價位市場推出兩個品牌。這便是後來在××內部稱為：大拚殺的專案，不管是全國性對手或是地方對手，一律橫掃市場。等到主要競爭對手不支退出市場之後，××馬上尋找下一

個對手，再推出另一個品牌與之「對決」，不到一年時間，許多小廠紛紛停止生產線的運行，尋求將設備轉手賣給別人。其次，全部採購大陸當地生產的設備，不再使用日本進口設備。××認為，自己的生產成本比競爭者高，這是事實，所以要向對手學習成本管理、一切本土化，甚至讓成本比對手還要低！所以××從設備、原料等方面開始「分級」，不管是大米、調味料、包裝等方面都要分級。

市占回升七成 HH 伺機出擊

二〇〇一年，全大陸一八七家米果業者只剩下不到卅家，規模持續萎縮。二〇〇四年之後，××米果的市占率已經穩定回升到七〇％，只要市場一有動靜，出現新的競爭者蠶食瓜分市場，××就再派出「HH」大咬！各種米果的產值來看，「××」品牌占了七五％，以「HH」為首的眾多副品牌占有廿五％。儘管眾多副品牌產品利潤較低，但二〇〇六年，整體市占率夠高，「HH」的價格宣布調升廿％，這說明「HH」已然威鎮市場，楚河漢界底定不需要再打低價策略了。

2012-12-01　中國時報

第三章　風險管理機制

試把過去一百五十年想像成一齣三幕劇

第一幕，工業時代，大型工廠和高效率生產線是經濟動力來源。這一幕的主角是工廠工人，其主要特徵是體力和堅持。

第二幕，資訊時代，美國和其他國家開始轉變。大量生產成為配角，資訊和知識主導了已開發國家經濟。這一幕的主角是知識工作者，其特徵為擅長左向思考。而如今，隨著富裕、亞洲，和自動化三項因素影響擴張。

第三幕的簾幔已經拉起，這個世代可稱做感性時代。當今主角是創作者和諮商員，主要特徵是精通右向思考。

A Whole New Mind Moving from the Information Age to the Conceptual Age

——*2005 Daniel H. Pink*

前言

　　企業的商業經營活動管理綜效發揮，是企業降低市場通路交易高幅度、高頻率風險損失產生的關鍵。而要達成此管理綜效的發揮，則須於損失發生前有完善的風險因應規劃，及損失發生後的回復計劃。為此，本章建議企業應導入如同遍佈於人體的神經系統般，一種能聯結於組織層級間的風險管理機制。

　　由於企業風險管理機制須有各種專業風險管理機制的組合方能奏效，是故如何讓不同專業機制間能有共通性結合的平台（Platform），以維持各機制間功能的循環互動性，是企業風險管理機制導入時，須特別留心規劃之處。因此，企業在導入企業風險管理機制時，應盡可能將風險管理與企業營運的決策或計劃，及交易、採購、庫存、客戶關係、應收／應付交易帳款、財會等各種作業管理流程做有效的結合。茲將各專業風險管理機制分述於以下各節。

風險因子評估

　　風險因子，本章將其概分為「風險引因、風險衍因與風險聯因」等因子。風險因子的評估，主要是對企業內、外部相關資訊進行水平式（lateral）及垂直式（vertial）的風險引因、風險衍因與風險聯因評估。內部的資訊例如資產負債表、損益表、現金流量表、稽核報告、保險單、工廠原物料庫存表及營業單位業績統計表等。外部資訊例如保險公司、法律事務所、會計師事務所、企管顧問公司、學術單位、政府單位及各相關協會等所提供的訊息、期刊、報紙等。資訊在經評估過程後，所找出對企業商業活動具影響度之風險資訊，本章定義為：**風險因子**（Risk Factor）；「影響度」的定義則為：對企業的損失及獲利影響程度。

　　因某些行動引起的風險因子稱之為**風險引因**，風險引因所衍生的風險因子稱之為**風險衍因**。導引風險引因、風險衍因間的交互關係風險因子稱之為**風險聯因**。因此，風險循環（圖 3.1）是就風險衍因、風險引因及風險聯因間交互影響作用之循環關係。故從循環關係來說，可將關係區分為非風險關係和風險關係。非風險關係是指無論採用何種執行方式或者改變具體的活動方式均不能夠規避風險衍因、風險引因及風險聯因的作用。

　　反之，循環關係則是指可以通過某一具體方式或者選擇而可以規避風險衍因、風險引因及風險聯因的作用。風險關係也可再概括分為直接風險關係及間接風險關係。藉由風險聯因導入風險關係時，當具有相應風險引因與風險衍因間的客觀、事實的聯結關係，即風險聯因與風險引因、風險衍因間有直接關係時，風險便能夠從直接關係的客觀聯繫面向來觀察。但當偶會有不符合客觀聯繫面的異常情況時，則可對風險引因、風險衍因中主要、異常的因子作分析，是否異常情況不是導入風險關係過程所引起，而是因損失事實的責任義務積極作為或消極不作為所衍生的關係。

　　通常對於風險關係的具體行動，涉及機會成本預判，是對於未來結果的量化值，這種量化值既包括行動的預測，也包括了對於行動效力的判斷。同時，企業對於風險的明晰度與認可度，將影響風險聯因對風險引因與風險衍因的聯結。企業有關人員在進行風險因子的評估時，須對影響度保持敏銳的感受性，且建議排除預設的自我立場框架與經驗，積極培養從企業各面向的事實情況來審視風險因子。因相同的風險因子之影響性，對不同的企業而言即有不同。例如倉庫發生火災、工廠鍋爐爆炸等對有些企業可能是全面性的影響，但對有些企業來說則影響度範圍可能因防護設施較佳而影響較小。本章在此以附錄一銷售商品風險因子審查表來舉例供讀者參考。

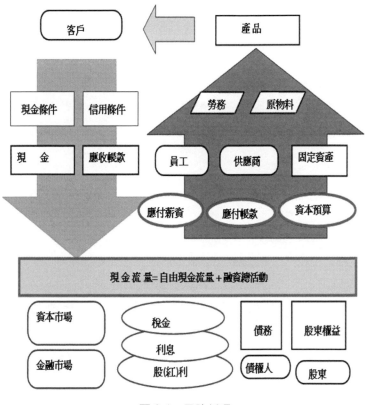

圖 3.1　風險循環

案例

我們調降公司評等至「持有」，理由為風險報酬率不具吸引力，因為我們認為目前股價估值已反映優於原先預期的第四季展望，亦已反映成本結構改善、××公司業務市占提高帶動的 20xx 年營收與獲利成長；股價目前為 20xx 年股價淨值比 1.4 倍，為 200x 年以來最高……公司長期獲利率因市占率提高（尤其是電源管理 IC）、2 廠折舊降低改善成本結構而維持正面看法，但認為投資××吋晶圓廠可能帶來獲利下降風險。

我們將 20xx-1 與 20xx 年每股盈餘預估分別上修 55.8% 與 26.7%至 1.43 元與 2.03 元，以反映優於原先預期的第四季展望、20xx 年營收與獲利利多，並維持 12 個月目標價 17.5 元，相當於 20xx 年股價淨值比預估 1.2-1.3 倍。建議投資人於股價拉回至 15 元或以下才佈局，以享有較佳的風險報酬率。

……由於風險報酬率不具吸引力，將公司評等自「增加持股」調降為「持有」。目前股價估值已反映短期正面前景與 20xx 年市占率提高的利多。我們認為公司收購 MO××吋晶圓廠帶來我們與市場 20xx 年獲利預估的下修風險，建議投資人逢高獲利了結，待股價拉回至 15 元或以下時重新佈局。投資風險包括……面板需求疲弱、產品多元化進度緩慢、晶圓價格銳減。

風險因子組合

　　風險因子的組合，取決於行動基因（圖 3.2）結構之變化，過程中對於風險因子特性、類型及相互關聯性與抵銷性，可評估採用單選項或多選項風險因子的管理方式，藉此來提高組合的成功機率。至於選擇何種組合機制，可從聯結有關風險因子的可替代性與價值性著手。在組合聯結的運作機制中，可設立組合的客觀標準，並列入各種不同的觀點思維，惟須考慮到常態的區間，因為對此規則認知的反作用力是不可忽視的，因此通常採用具互補性方式來發揮組合應有的力量。

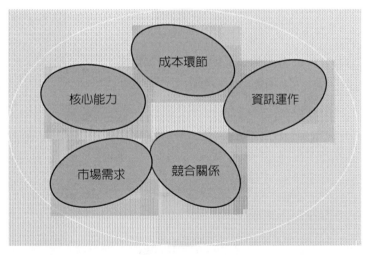

圖 3.2　行動基因

案例　台商困境年後恐爆新倒閉潮

2012-11-29 旺報

　　廈門近日連續陰雨綿綿，氣溫陡降，宣告時序進入冬天。而處在陰鬱濕冷的天氣裡，也讓處在持續經濟不景氣的台資企業老闆們，內心猶如外在的低氣壓，擔心年後可能爆發的新一波倒閉潮。就在一周前，在廈門×××區 M 化工的公司前，有一批員工抗議老闆拖欠薪資惡性倒閉、遠走海外，而這已不知是廈門今年以來第幾家台資企業，因為挺不過歐債危機持續所導致的不景氣而倒閉。

員工比去年少一大半

　　「許多以外銷為導向的台資企業，因為接不到訂單就倒閉了，去年×××區就有 40 幾家倒閉，年後還會有一波倒閉潮。」一位在×××區的台商憂心忡忡地指出。「年底原本就是淡季，加上不景氣，訂單減少，加上成本上升，以外銷為導向的台資企業競爭壓力就跟著上升。」設廠在廈門台商投資區、經營零件的董事長說。

　　××電子 1994 年在廈門投入生產，全盛時期有工人 1400 人，但是 2008 年爆發金融風暴後，業務量逐年下滑，人員跟著萎縮，去年還有 600 多人，但是受到歐債危機引發的全球不景氣持續，目前只剩下 300 多名員工。

現在幾乎都在吃老本

　　台資企業面臨的困境，不單是訂單少，最嚴厲的挑戰反而是成本。他說，現在不是沒有訂單，但是接大量訂單，可能還

會虧本，原因在於大陸在 2008 年正式實施《勞動合同法》後，導致用工成本大幅上升近 40%，以前接外國訂單，1 塊美元的訂單，只要 3 到 5 角的成本，現在已經上升到 8 角，加上非直接生產成本的管銷費用 2 角，根本就沒有利潤可言。

台資企業如果是在 20 年前進軍大陸的，前 10 年都有賺到錢，但後 10 年幾乎都在吃老本。像他現在就只能「苦撐待變」，將公司規模萎縮到不能萎縮，看是否能夠度過這波的不景氣。

考慮將產業外移

原本設廠在廈門的××光學科技，由於原廠房用地遭廈門政府變更為文創產業用地，所以幾年前轉到漳州設廠，主要生產太陽眼鏡，並銷往歐、美、非及東南亞各國。老闆××稱該公司目前的困境，是不乏訂單，而是面臨招不到工人的窘境。公司原本要招 2000 人，但是目前 500 人都不到，且流動率非常高，稍有經驗就跳槽或離職，得付出龐大的培訓成本。還有，薪資高漲的問題，廈門今年 8 月將基本工資從 1100 元（人民幣，下同）調漲到 1200 元。過年後，又要面臨員工跳槽期，為了留住員工，老闆勢必得再加一次薪水，再加上加班費、還有為了增加工作效率所祭出的績效獎金，都讓企業增加很多成本。

大陸著名經濟學家×××近日在重慶預測，3 年後，大陸工資將翻倍。如此下去，他預估 6 年後，大陸工資將追上台灣。他說，目前大陸的傳統產業，像是鞋類都已跑掉，不跑的只有等死。他目前也慎重考慮將其產業外移，已在東南亞國家進行考察，並傾向遷往印尼。

　　有關組合是否具有彈性以改變引衍關係，尤其在動態變化環境中，具體事件通常缺乏足夠的規則及運作模式的資訊作為眼見為憑的基礎，他需要運用預測未來的方式進行解釋和決定。因此，組合聯結（圖 3.3）觀察可分為不可觀察面、可觀察面和可證實面、不可證實面。當組合聯結僅是可觀察面的行動，而不能證實該行動的執行基礎環境已經存在，此時組合就不能被認為有聯結的情況。同時我們可以瞭解，組合如過分強調層級化風險因子，常使機制有執行的障礙。至於組合要件，通常取決於特定使用的局部或部分。對於由多個不同要件的組合而言，如果組合本身不能具有經營層價值偏好，或者不符合利潤的要求，就較不易成為組合要件。因此將組合的原則、規則與主客觀利潤、價值聯結並讓其可最大限度地滿足各種風險管理的要求，並將其可能損失程度降低到企業可接受程度，最終方能成為有效的機制。

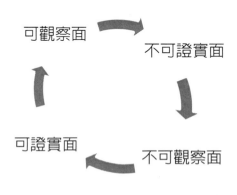

圖 3.3　組合聯結

　　例如把匯率、利率、進出口或採購原料等價格波動的風險因子，調整可控制之於同組合來管理；又例如將公司電腦資訊風險，如客戶主檔設定、部門功能設定、機制開發及程式之修改、機制文書編製、程式及資料之存取控制（Access Control）、硬體設備及機制軟體之購置、使用及維護及機制恢復計劃、測試程序等風險因子調整為同組合來管理。在此要強調的是，對於企業內部單位提供資訊的人員，常會為了避免受到單位的懲處或其認為理所當然，而隱匿或疏忽某些有風險的資訊揭露，致事後衍生出事端。有鑑於此，審查人員對於風險因子的組合，需經常做全面性的深入探究，並儘可能查驗其間因果關係合理性，以降低風險資訊被隱匿或疏忽揭露的情形發生。誠如蕭伯納所言：「人們見到事情的發生問為什麼；我見到事情未發生則問為什麼不？（People see things happen and ask why，I see things not happen and ask why not？）」

組合聯結案例　××金：鎖定人民幣商機

　　××銀行深圳分行領先開辦台商人民幣業務後，今年前 10 月獲利 197 萬美元，已逼近全年目標的 200 萬美元，××金指出，轉投資的大陸租賃公司也可望在 12 月中旬開幕，有助××銀持續掌握人民幣商機。××金總經理……強調，××金接下來將持續放眼大陸，明年將申請開辦全方位人民幣業務，加上仍待大陸官方核准的上海分行、深圳支行、×

×證券北京辦事處，將全面布局大陸。

　　××銀主管指出，××銀深圳分行現有人民幣存款約 16 億元，資金成本約 1.14%，放款、購買有價證券、點心債、同業存款等等的報酬率為 4.42%，利差比新台幣高許多，未來也看好指定外匯銀行（DBU）開辦人民幣業務後的商機。

　　國內業務方面，銀行淨利息收益率（NIM）已突破 1 個百分點，從去年 9 月底的 0.99%提升至今年 9 月底的 1.04%，未來將持續提升。金控共同行銷業務也明顯成長，證券經紀業務市占率由去年底的 2.63%，提升至今年 9 月的 2.74%，產險簽單保費收入與去年同期相比成長近 7%，顯示金控成立 10 年多以來，綜效已經出現。

　　至於明年××銀放款營運量，預計將較今年 9 月底成長 4.5%，××銀指出，其中希望提高企業金融的授信質與量，要掌握企業還款來源，也會結合信保基金，爭取供應鏈授信商機。

2012-12-01 工商時報

風險因子量化

　　風險因子量化機制，為對風險因子或其組合的結構及內容主體可能產出的風險成本或代價進行量化，過程中建議可配合以公司相關部門專業人員或專家，例如工程師、保險經紀人、管理顧問公司或學術機構的協助。例如美國的利率升息、大陸經濟政策的改變、國際原油價格升高等風險因子對企業營運計劃所可能產生的損失或成本的增加。茲將風險因子相關數據量化方式，諸如競爭風險成本、損失頻率（Loss

Frequency，LF）、損失幅度（Loss Severity，LS）及損失強度
（Loss Consequence，LC）等逐一舉例說明如下。

競爭風險成本估算

　　風險因子或其組合的風險成本比競爭對手具優勢性，並
增加風險因子或其組合的管理效率。因此建議可藉由不斷的
分析、估算、調整風險成本，亦即經由邊際風險值（VMR）
與利潤風險值（VPR）的估算，及相減得出可調整的差額，
本書定義其為**競爭風險成本**（Competitiveness Risk Cost，
CRC）。

　　上述過程執行時，可先從流程來審視、篩選具競爭價值
項目所產生的風險因子或其組合之風險成本，然後將風險成
本轉化至各部門或事業單位進行比對、分析與估算。藉由上
述的競爭風險成本數據的量化，對於企業的經營者而言，該
量化數據實有助於企業做出更合適於商業營運活動決策之方
向，茲將競爭風險成本的公式表示如下：

> 競爭風險成本（CRC）
> ＝邊際風險值（VMR）－利潤風險值（VPR）

風險效益值核算

在量化出風險因子或其組合之損失頻率（Loss Frequency，LF）、損失幅度（Loss Severity，LS）、損失波動系數（Loss Volatility Modulus，LVM）及損失強度（Loss Consequence，LC）後，加總損失頻率與損失強度的相乘積，在此本書定義其為**模擬風險值**（Value at Simulation Risk，VSR）。然後將模擬風險值（VSR）與前節所述之利潤風險值（VPR）相減後，核算出風險效益值（Value at Risk Benefit，VRB）。讀者可參照圖 3.2 立體模擬風險值及圖 3.3 風險效益值公式。

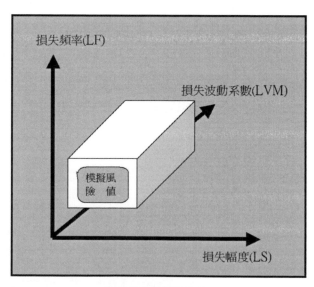

圖 3.2　模擬風險值

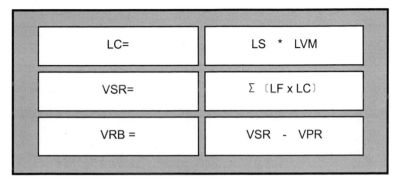

圖 3.3　風險效益值公式

說明

1. 損失頻率（LF）：一定期間內，發生風險事故次數。
2. 損失幅度（LS）：每次發生風險事故時，可能造成的直接損失。
3. 損失強度（LC）：每次發生風險事故時，可能造成直接及間接損失。
4. 損失波動系數（LVM）：損失幅度（LS）的變動倍數。

案例：金管會再設限要壽險資金棄房入股

2012/11/23 經濟日報

　　金管會對保險業投資不動產再祭緊箍咒，昨（22）日宣布保險業若投資不動產，計算資本適足率（RBC）時風險係數將提高，將再度壓縮保險業投資不動產空間。另金管會也宣布，保險業投資股票，未來一律採半年均價來評價，此舉將提高保險業逢低承接台股意願，有助台股穩定。

　　金管會昨天宣布調整今年保險業 RBC 計算方式，這次調整幅度相當大，除國內不動產投資的風險係數提高外，其餘海外不動產、國內股票、保險相關事業、公共建設及長期

照護產業的投資，則都從寬，政策上有意將龐大的保險資金，從國內不動產導引到國內股票等其他投資項目。

金管會控管保險業投資不動產的 7 大措施，在本周一才剛上路，昨天再推新限令。據了解，保險業今年來競相標購不動產，使商辦價格愈炒愈高，引起金管會主委×××嚴重關切。保險局於是雙管齊下，本周一先從實務面控管，昨天再從風險面要求提高資本計提，保險業瘋狂買樓的情況，恐將不復見。

金管會保險局副局長×××表示，國內不動產投資的風險係數，由現行 0.0744 調整為 0.0781，素地或未能符合「即時利用並有收益認定標準」的不動產加計成數，則由現行 30%調整為 40%。風險係數提高後，代表保險業若要投資不動產，須提列的資本將愈高。保險業若投資太多不動產，可能面臨增資壓力，以此促使保險業減少投資不動產。在股票投資未實現損益認列方式上，將一律以半年平均價來評價。過去都是採半年最後一天收盤價來評價，造成保險公司在評價前先賣出股票，造成股市震盪。未來採採半年均價，當台股下跌時，保險公司承接意願會較高，有助台股穩定。

在投資保險相關事業方面，過去投資金額全數從資本扣除，新規定則是採風險係數計算，保險公司投資大陸保險相關事業，資本計提壓力減輕。此外，為鼓勵保險業參與公共建設或長期照護產業，有關計算 RBC 風險係數也放寬，不必再像過去可能全數從資本扣除。

風險因子反映

　　風險因子反映（Sensitive），是將風險因子或組合所核算出的風險效益值分類對應出不同風險情境，並將其管理行動規劃出來，但基於每個企業的體質及背景的不同，任何風險情境的風險管理行動規劃實無一定標準可言。

　　例如當風險效益值（VRB）小於零時，風險管理行動不符成本效益（Cost-effective），因此可標識為「不進行風險管理行動」。當風險效益值（VRB）等於零時，風險管理行動作為（Actions）或不作為（Negative）的成本效益低，可標識為依預期目標考量是否實施風險管理行動。當風險效益值（VRB）大於零時，風險管理行動的成本效益高，則可標識為應進行風險管理行動。

　　另有關損失波動係數（LVM）值的產生，應先從企業本身的財務、客戶、流程、成長性等不同構面切入，然後再就企業所屬產業之經營環境、競爭態勢、法令規定及限制範圍作評量後，約當估計（Equivalent Estimates）之。例如具高密集度資本與技術的半導體產業，在損失波動系數評估前，須先對市場結構，元件廠、零件、代工需求量等有所瞭解，才有辦法掌握評估的準確度。

　　又例如以成衣業而言，不論為成衣製造業或成衣買賣業，評估損失波動係數前，即應對有關成衣的製造流程（訂定式樣、製作模型、裁剪、縫製、檢查、整燙、包裝），材料

來源為進口或本地製造商生產，內銷或外銷市場為美國、加拿大、歐洲、中東、日本、香港等先有所了解。如此方能避免因誤判而無法反應出真實的風險管理效益。風險因子或組合的反映，主要為對風險管理行動進行規劃，讀者對此可參考圖 3.4 風險管理行動表之舉例。

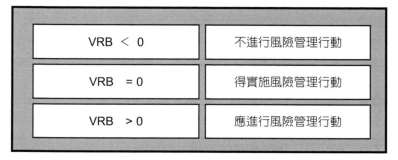

VRB ＜ 0	不進行風險管理行動
VRB ＝ 0	得實施風險管理行動
VRB ＞ 0	應進行風險管理行動

圖 3.4　風險管理行動表

案例　國內動力煤價格微跌

截至 xx 月 xx 日秦皇島山西優混（5,500 大卡）報價 630 元／噸，環比上周下跌 5 元／噸，山西大混報價 545 元／噸，環比上周持平；xx 月 xx 日秦皇島港動力煤庫存為 672.15 萬噸，周環比上漲 0.93%，我們認為本周秦皇島煤炭庫存上漲主要歸因於十八大結束後，煤炭產量持續增加，並且快於下游需求的增長。

其中電煤庫存仍維持較高水準，xx 月 xx 日，重點電廠存煤達到 9019 萬噸，庫存可用天數達到 25 天，儘管庫存量

周環比下降 0.12%，同比去年仍高出 19%。而截至 x 月 x 日
澳洲 BJ 煤炭現貨價為 90.25 美元／噸，較前一周環比上漲
4.5%，國際煤價連續三周上漲主要由於亞太地區如韓國、日
本等國加大動力煤進口力度，從而推高煤價。

綜上所述，進口煤價格持續三周的上升部分緩解了國內
煤炭供給的壓力，但由於國內煤炭產量持續增加，總體供需
仍呈寬鬆態勢，煤價仍無明顯復甦跡象。預計 xx 月煤價將窄
幅震盪，秦皇島山西優混煤價第四季度均價預計在 635-640
元／噸附近。

風險因子調整

由於市場及通路環境變化極為快速，因此風險因子或其
組合的風險管理行動規劃，常常在實際執行時，很難完全按
照原訂之規劃來執行。對於此風險管理行動規劃與執行時的
差異性問題，則有賴於風險因子調整機制來衡平。亦即當所
進行的風險管理行動與預期標準偏離時，應立即採取必要之
調整管理行動，以求達到預期標準規劃。而風險管理行動調
整機制運作成效發揮的關鍵，則在於企業是否有持續性實行
風險的檢測。風險檢測方法舉例說明如下：

● 層別檢測法

將多種多樣的風險因子分成不同的類別，如：

－人員風險

－材料風險

－機器風險

－作業場所風險

● 方圖檢測法

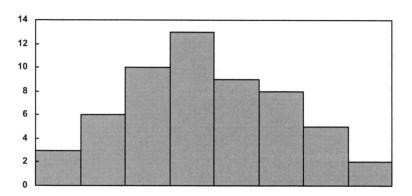

● 散佈檢測法

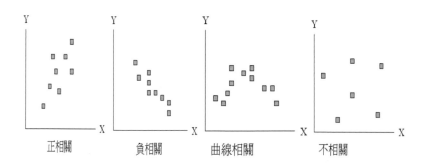

● 柏拉檢測法

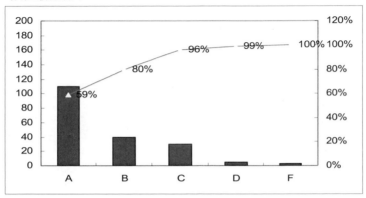

　　－將要處理的風險因子利用層別法加以層別。
　　－將各個層別風險值依大小順序排列。
　　－計算出從大到小層別風險值的累計比率。

● 要因檢測法
　　－集合有風險管理經驗人員與會。
　　－使用腦力激盪法請與會者指出可能風險因子。
　　－進行討論可能的風險因子。
　　－新畫一張要因圖寫上篩選的原因。

　　因此，企業是否定期核算各種風險因子的風險管理成本；是否不斷提昇利潤風險值與模擬風險值的精確度；或有些時候如基於特殊策略考量，例如跨國公司面對區域性的政治因素或民族主義的問題時，則需有不同的風險管理行動模式。但不論如何，風險管理行動調整的最終目標，皆在於將

風險降低或有效控制在企業能安全存續程度的範圍內，以符合股東、顧客、員工、社會四方面利潤共享的平衡點。至於風險檢測標準的訂定，讀者可參考本章附錄二風險管理行動檢測表。

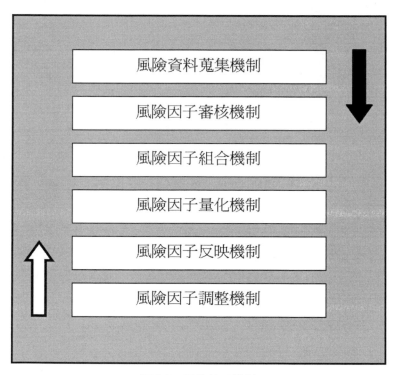

圖 3.5　風險管理機制

附錄

附錄一　銷售商品風險因子審查表

一、原廠公司是否有合法製售該系列商品之官方證明文件（公司、營業、
　　稅務登記等證照）。
　　1、□是　　□否
　　2、說明：
　　3、附件：

二、原廠公司及該商品是否擁有市場優勢。
　　1、□是　　□否
　　2、說明：
　　3、附件：

三、是否有系列商品特性及相關文獻之說明。
　　1、□是　　□否
　　2、說明：
　　3、附件：

四、系列商品是否擁有國家認可之技術專利、商標權利。
　　1、□是　　□否
　　2、說明：
　　3、附件：

五、系列商品在台灣是否有技術專利、商標權利之申請、登記、註冊。
　1、□是　□否
　2、說明：
　3、附件：

六、系列商品專利或商標是否有被設定質權，或其他任何於法律上有
　　形、無形之不利益致減損其價值者。如有，原廠公司及簽約公司應
　　如何處理及因應。
　1、□是　□否
　2、說明：
　3、附件：

七、是否有系列商品原料、規格之說明及原料來源之證明文件。
　1、□是　□否
　2、說明：
　3、附件：

八、系列商品是否具有違反法令之情事。如有，應如何處理。
　1、□是　□否
　2、說明：
　3、附件：

九、是否有原廠公司之信用風險評估及說明（可請其提供當地銀行出具
　　列有信用額度、貸款之資產信用狀況證明書或政府、其他公信單位
　　所出具之資產證明或其財務保證、保險以及最近連續兩年之資產負
　　債表）。

　1、□是　　□否
　2、說明：
　3、附件：

十、原廠公司是否有重要備忘錄、策略聯盟或其他業務合作計畫或重要
　　契約之簽訂、變更、終止或解除、改變業務計畫之重要內容、完成
　　新產品開發、試驗之產品已開發成功且正式進入量產階段、取得或
　　出讓專利權、商標專用權、著作權或其他智慧財產權之交易，致對
　　本公司銷售與契約權益有重大影響者。

　1、□是　　□否
　2、說明：
　3、附件：

十一、原廠公司之股東、經營團隊之變更或其他情事足以對原廠公司營
　　　運有重大影響（如重大訟爭、嚴重減產或全部或部分停工等）時，
　　　要如何確保本公司之銷售與契約上之地位。

　　1、□是　　□否
　　2、說明：
　　3、附件：

十二、原廠公司有無對於系列商品投保商品責任保險？理賠金額範圍
　　　為何？如發生商品責任時，原廠公司要如何協助處理，並對代理
　　　廠商或本公司負責？
　　1、□是　　□否
　　2、說明：
　　3、附件：

十三、發生商品糾紛時，原廠公司是否配合代理廠商或本公司處理？
　　1、□是　　□否
　　2、說明：
　　3、附件：

十四、當系列商品發現不符契約約定致生退貨，原廠公司是否配合代理
　　　廠商或本公司處理？
　　1、□是　　□否
　　2、說明：
　　3、附件：

十五、代理公司是否有成立之相關證明資料（營利、稅務登記等證照）。
　　1、□是　　□否
　　2、說明：
　　3、附件：

十六、代理公司對於系列商品是否確有取得獨家代理授權，及得再授權
　　　獨家總經銷權之證明文件、契約及必要之許可證明文件。
　　　1、□是　□否
　　　2、說明：
　　　3、附件：

十七、代理公司是否有說明並擔保切結（包括但不限於）其代理合約是
　　　有效期間、是否有違約或其他糾紛致有可能影響本商品品未來契
　　　約及交易之履行者。
　　　1、□是　□否
　　　2、說明：
　　　3、附件：

十八、代理公司對於系列商品之代理經銷地區是否受有特殊限制或其
　　　他不利於本公司之約定？
　　　1、□是　□否
　　　2、說明：
　　　3、附件：

十九、代理公司是否有對系列產品的安全性說明並擔保為真正。
　　　1、□是　□否
　　　2、說明：
　　　3、附件：

二十、代理公司是否有獨立簽約之能力？其是否受其他公司或國外原
　　　廠公司之實質控制。
　　1、□是　　□否
　　2、說明：
　　3、附件：

二十一、代理公司是否有提出充足完整之授權及必要許可之證明文
　　　　件，藉以確認交易之有效性及合法性。
　　1、□是　　□否
　　2、說明：
　　3、附件：

二十二、代理公司之是否有提供相關信用證明及說明（可請其提供當地
　　　　銀行出具列有信用額度、貸款之資產信用狀況證明書或政府、
　　　　其他公信單位所出具之資產證明，或其財務保證、保險，以及
　　　　最近之資產負債表）。
　　1、□是　　□否
　　2、說明：
　　3、附件：

二十三、代理公司實質負責人是否曾發生重大違背債信、訟爭或其他糾
　　　　紛情事。
　　1、□是　　□否
　　2、說明：
　　3、附件：

二十四、代理公司最近年度，其董事會及股東會決議之程序，表決方法
　　　　及內容與本案關係：

（一）是否適法。

（二）是否有不利於本公司或銷售商品之決議事項。

　　　1、□是　□否

　　　2、說明：

　　　3、附件：

二十五、代理公司是否已提出系列商品之循環性或季節性需求，可替代
　　　　性商品及其他影響營收或成本因素之說明。

　　　1、□是　□否

　　　2、說明：

　　　3、附件：

二十六、代理公司是否已提供系列商品之未來商品開發計畫。

　　　1、□是　□否

　　　2、說明：

　　　3、附件：

二十七、代理公司是否提供已開發系列商品之市場銷售計畫。

　　　1、□是　□否

　　　2、說明：

　　　3、附件：

二十八、代理公司是否已提供系列商品市場調查與未來之銷售預測（審
　　　　查重點在於該預測是否有考量政治、經濟等層面的各種變數）。
　　　1、□是　□否
　　　2、說明：
　　　3、附件：

二十九、代理公司是否有對系列商品利潤作說明。
　　　1、□是　□否
　　　2、說明：
　　　3、附件：

三　十、未來推行系列商品宣傳、廣告等活動時，代理公司是否有應負
　　　　責任之擔保。
　　　1、□是　□否
　　　2、說明：
　　　3、附件：

三十一、代理公司是否了解原廠公司其消費顧客對該系列商品之評
　　　　價？客訴比率？處理因應之方式？
　　　1、□是　□否
　　　2、說明：
　　　3、附件：

三十二、代理公司是否說明有關商品安全庫存量控制流程,以及未來與
　　　　本公司簽約後與原廠公司配合之處理方式。

　　　1、□是　□否

　　　2、說明:

　　　3、附件:

三十三、代理公司是否說明於簽約後,其股東經營團隊之變動是否會影
　　　　響本公司銷售與契約權益。

　　　1、□是　□否

　　　2、說明:

　　　3、附件:

三十四、代理公司是否有足以影響本公司財務、業務及繼續營運之重大
　　　　情事,致影響本公司之銷售與契約權益。

　　　1、□是　□否

　　　2、說明:

　　　3、附件:

三十五、代理公司是否確保商品責任之投保、負擔及後續處理,均由其
　　　　或原廠公司吸收,而不轉嫁與本公司。

　　　1、□是　□否

　　　2、說明:

　　　3、附件:

三十六、代理公司是否能與本公司為市場通路之共同開發行為。
    1、□是　□否
    2、說明：
    3、附件：

三十七、代理公司是否保證所有商品均採獨家供應模式，但銷售商品之
        種類，由雙方共同決定。
    1、□是　□否
    2、說明：
    3、附件：

三十八、代理公司是否能與本公司共同分擔風險及分享利潤。
    1、□是　□否
    2、說明：
    3、附件：

三十九、代理公司是否已釐清確定與原廠公司間之商品責任。
    1、□是　□否
    2、說明：
    3、附件：

四　十、代理公司是否能與本公司共同向原廠公司爭取地區代理與銷售
　　　商品之最大利益。
　　1、□是　□否
　　2、說明：
　　3、附件：

四十一、代理公司是否能對商品輸入許可事宜，進行嚴格之品質管控及
　　　副作用檢查。
　　1、□是　□否
　　2、說明：
　　3、附件：

四十二、代理公司是否能與本公司共同配合要求原廠公司全力防止商品
　　　之仿冒品及平行輸入，並協助系列商品推廣銷售必要事項。
　　1、□是　□否
　　2、說明：
　　3、附件：

附錄二　風險管理行動檢測表

檢測情形	風險度	級數
按照風險管理行動實施，風險在規劃內	微度	1
按照風險管理行動實施，風險在規劃內，有少部分管理行動需調整	輕度	2
按照風險管理行動實施，暫能讓風險在規劃內，有許多管理行動需改善	低度	3
按照風險管理行動實施，部分風險未在規劃內	中度	4
按照風險管理行動實施，已發生部分損失	高度	5
按照風險管理行動實施，已發生多處損失	重度	6
未按照風險管理行動實施	極度	7

第四章　風險管理策略

前言

　　企業商業風險事故的發生，很少是由單一的風險因子所構成。絕大多數是由各種風險因子交錯綜合後產生，所以僅就單獨風險因子作管理或決策，一般來說是很難達到應有的管理效果。是故建議企業風險管理策略可著重在風險因子組合（圖 4.1）的優先次序管理上，其亦是企業面對風險時，是否能將之轉化為商機的關鍵。例如當景氣不好時，企業得面臨銷售量降低及可能須賠本銷售的壓力；當景氣好轉時，卻又得面對價量齊漲時，資金缺乏的窘境。當企業無法管理諸如此類波動循環時，資金流動週轉缺口的風險，隨時有可能造成企業的財務危機。另風險管理策略在運用時，要謹慎注意避免因此導致組織的僵化，因而影響到事業的推展。

　　總之，企業透過商業風險管理策略的運用來尋求最佳營運安全保障，消極來說可使企業能在營運收入穩定（Earnings Stability）中發展以創造利潤。積極方面，則如孫子在謀攻用兵之法中所強調的，不戰而屈人之兵，善之善者也。企業若僅只是進行沒有利潤的削價折扣戰，或訴諸法律手段干擾競爭對手，在市場長成有限的情況下，企業可能因此錯失其他有利於事業發展的機會。

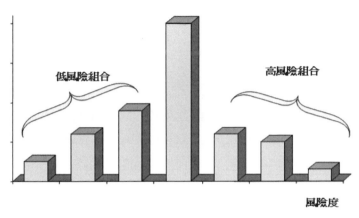

圖 4.1　風險因子組合

風險策略範疇

　　風險策略範疇主要為行銷策略風險（Marketing Strategy Risk）管理及發展策略風險（Development Strategy Risk）管理。企業在面對產業結構性調整，或是市場的不確定性變化大時，商業風險策略功能的發揮，將帶給企業發展的新契機。茲將行銷策略風險（Marketing Strategy Risk）管理及發展策略風險（Development Strategy Risk）管理概述如下。

行銷策略風險管理

行銷策略風險管理，主要在於使企業商品能在市場的流通順暢，以物理學上推力或拉力的觀念來說，可將商業的行銷策略風險管理分為行銷推力策略風險（Marketing Push-Strategy Risk）管理，及行銷拉力策略風險（Marketing Pull-Strategy Risk）管理。企業運用各種獎金或搭贈等促銷策略，促使經銷、零售等通路商或終端消費者增加商品的採購量，此策略為「行銷推力策略」。此種策略的風險管理，稱之為「行銷推力策略風險管理」。

至於「行銷拉力策略」，則是抉擇出合適於商品的市場利基或區隔的策略，使商品終端消費使用者的層面擴大或使用商品次數增加，此策略的風險管理，本章稱之為「行銷拉力策略風險管理」。在此讀者可參考本章圖 4.1 行銷策略機制。

不論是行銷推力策略，或行銷拉力策略的風險管理，建議首要審視的是，策略本身是否已誠實的與消費者的需求進行溝通對話。例如當顧客需要企業所提供的商品，已從商品本身移轉為功能維護服務的提供時，企業即應對策略修正為委託製造或租用該商品提供予客戶，如此將會較企業自行製造或購買更合適。若最後修正的策略方向是肯定的，則企業即沒有必要去製造或購買該商品。此優點是可以讓企業有更餘裕的資金提昇維護服務的品質。例如企業可透過市場類似產品的回收重新修整後，在通路上以低於全新產品價格並提供保固服務的方式再出租予客戶。

　　再者，行銷推力策略或行銷拉力策略的風險審視重點，應避免商品或策略過於複雜化，導致客戶心理上對商品的感覺與認同無法有效成形。例如清潔保養品所選擇使用的材質、形狀、顏色、風格、圖形等傳達的意義若過於複雜，則將無法有效地將所欲行銷的感覺與認同，傳達給企業所要銷售的使用對象（例如年齡、性別、社會地位等）。

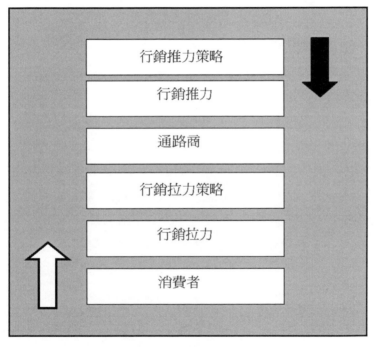

圖 4.1　行銷策略機制

發展策略風險管理

發展策略風險管理，依據企業營運週期（圖 4.2）的不同情境，主要分為以外部合作（External Cooperation）發展方式進行的外部合作風險（External Cooperation Risk）管理；以及在原有產業基礎下，藉內部成長（Internal Growth）方式進行的內部成長風險（Internal Growth Risk）管理。外部合作風險管理，本章在此定義為企業透過與外部組織間的策略聯盟（Strategic Alliance）、合資（Joint Venture）及加盟（Franchising）等合作協議訂定與執行的風險管理。

例如加盟（Franchising）的形式可分為產品加盟（product franchises）及企業加盟（business format franchises）兩種，在產品加盟中，授權加盟者（franchisor）是典型的製造商，將成品或半成品售予加盟銷售者，加盟者則自願集中販售並提供事前與事後服務。至於內部成長風險管理，本章在此定義為：企業進行購併、股權移轉或員工內部創業等的垂直整合（Vertical Integration）或水平整合（Horizontal Integration）的風險管理，例如銷售異業產品、原產品市場占有率擴大或多角化經營等。

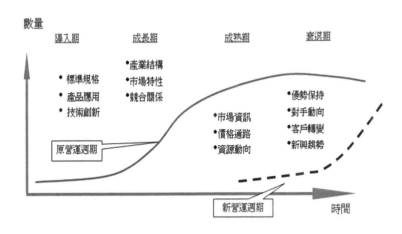

圖 4.2　營運週期

風險策略模組

　　孫子在概括戰爭的要素時,提出了道、天、地、將、法
五項內容,他稱之為五事。若將孫子的五事轉化為企業風險
管理策略模組來看,「道者」,可指團隊成員間的「目標價值」
的一致性;「天者」,可指對整體「市場環境」的瞭解度;「地
者」,是對本身「企業體質」及「企業通路」所具有的優劣勢;
「將者」,可指企業的「管理團隊」運作的能力;「法者」,則
指企業的財務、行政、配送等「後勤作業」的紀律與效率。
有關企業風險策略模組,讀者可參考圖 4.3。

　　假設上述策略的模組經綜合分析和估算,都優於市場其他
競爭對手,則風險策略的運用便可較具積極性(Aggressive),

假如經分析和估算有多項條件不如市場競爭對手，則建議應可採較保守（Conservative）的管理策略。假如經分析和估算有多項條件與市場競爭對手相當，則應採較穩健（Moderate）的管理策略。例如，若台灣的量販業者要有至少二十家店的採購規模方可降低成本達到損益平衡，然由於短期內要展店到二十家的規模並非企業人力、財力一時所可及，故損益的風險管理策略上，可聯合其他中小型量販業共同採購，使損益得以平衡。

又例如當企業考量究竟以競爭廠商的替代商品，抑或互補商品在市場銷售時，可以先藉由調查競爭廠商的商品市占率，並估計該商品的市場通路整體銷售量，及在確定該商品的目標客戶及需求後，經行銷策略風險的評估後選擇之。

亦即企業不論在產品銷售、成本管理、生產及品牌經營等，皆需要有合適的風險策略模組來運用，以利進行目標的定位與差異化而如此將可使企業在策略訂定及施行時，能藉著有形與無形資源的綜合運用，創造出有價值的競爭策略或合作策略。

案例　×××控股子公司進行海外併購

為持續擴大通訊業務及中國大陸市場，×××控股之子公司董事會甫於本日決議以現金收購方式取得電子零組件通路商－××有限公司之電子零組件代理業務。收購完成後，×××集團於中國大陸地區之通訊及無線模組元件業務規模

將更加壯大。

　　××有限公司於 2005 年在香港註冊成立，最近年度合併營收約為新台幣 5 億元，目前員工人數約 21 位，該公司所營業務之主要內容為 WiFi 模組／藍芽模組／數位攝像模組及數位電視卡等產品，為技術型電子零組件通路商公司，主要銷售區域於中國大陸。未來透過集團完整且具競爭力的亞太行銷、技術、後勤、運籌支援平台，能更加滿足客戶端一次購足（One Stop Shopping）之需求及發揮規模經濟及範疇經濟等合併綜效，擴大新取得產品線營業規模。

2011/06　時報資訊

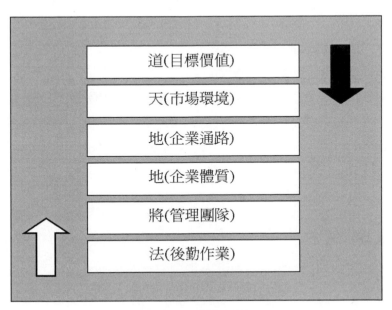

圖 4.3　風險策略模組

風險策略方法

　　企業根據商業經營活動所可能出現的風險，在策略上運用不同的方法，使企業能在風險情境出現時，運用不同方法組合的管理，期以最少的代價或損失獲取最佳的利潤。例如某家擁有幸福測試機及幸福試紙製造技術的廠商，管理團隊希望藉由消耗量大的幸福試紙獲利。但要銷售試紙，須要有許多的消費者購買幸福測試機來使用，因此幸福測試機價格要越低越好。為達成此目標又不損及公司的利潤，公司的風險管理策略方法的運用組合，採用風險移轉、控制及迴避同時並用的方法組合。

　　即將幸福測試機的非關鍵性製造技術移轉授權給許多製造商生產銷售，使價格破壞的風險，轉由所有的製造商承擔，並藉由製造商彼此間的競爭達到幸福測試機價格普眾化而有利於幸福試紙的銷售獲利。有關策略的方法，本章在此除綜合各類風險管理書籍所常見的四種風險管理策略運用方法外，再加上兩種企業策略實務上常用的方法供讀者參考運用。特概述如下：

風險迴避法

　　風險迴避（Risk Avoidance），是以直接避開來源面之風險為主。譬如，我們可以不投資股市來避免因此所帶來的損失風險；或不安排總經理、董事長同乘一架飛機從事業務考

察,以避免飛機失事時造成重要決策者同時喪生;或停止生產具有成份爭議性的商品,以避免公司揹負法律責任;或航空公司運用原油避險交易方案來規避能源價格的上漲;又比如跨國企業為了迴避某些已存在的事實所帶來的利益損失或處罰,便將事實聯結適用國際商業規定的法律,以迴避原來對企業的利益損失或處罰,例如許多企業在美國德拉瓦州註冊,因為該州公司法的「商業判斷法則」賦予管理層和董事在公司經營決策方面很大的免責空間。

又例如台灣的消費者保護法規定,從國外進口商品或服務的進口商或經銷商,由於它經銷的是國外的商品或服務,為保護台灣消費者的求償權益,這類的進口商或經銷商被視為是商品的設計生產製造者或服務提供者,而不是經銷者,於是經銷商為避開此風險,改以經銷台灣的商品或服務;又或者為避免侵害專利權人的原專利申請範圍,於是運用專利迴避設計方式,以不同設計的元件來取代原專利中所界定的功能與結構。

風險控制法

風險控制(Risk Control)是確保企業經營的安全,並促成企業組織有效的運作及成本最有效地降低的方式,同時亦有助於單位或部門營運成本之控制。而風險控制可再分為危險管理(Perils Management)及危機管理(Crisis Management)兩大類,特概述於下:

危險管理

危險管理（Perils Management）的重點在於損害的防阻與控制，即經由企業所建立的各項損害防阻與控制制度的實施，以降低風險頻率、風險幅度或意外事故損失。而一般企業通常藉由在財務、政策、計劃、組織、預算、市場調查、銷售、生產、採購、倉儲、品管、人事、研究發展等方面之內部作業控制管理制度來實施危險管理。

譬如倉儲管理上，加強消防設備，並禁止員工在倉庫內及易燃物附近吸煙，以減少發生火災的可能性；工廠員工生產作業危險管理方面，藉由定期舉辦員工安全教育訓練及工廠管理規則宣導，或實施具體的隔離、包覆、侷限、限制危險來源，並強制個人穿戴防護裝備等防護安全措施，來減少員工因疏忽使用護具或遵守安全作業程序所造成的意外傷害。又醫院可藉由危險管理來降低醫護人員被病患感染的機率及減少臨床上失誤對患者的傷害。又例如企業可藉由防火牆的設置降低駭客的入侵電腦系統。或藉由產品市場調查結果降低原計劃的生產量，以減少庫存過多的風險。

危機管理

許多企業在面對突如其來的危機時，常會因企業主危機管理（Crisis Management）失策，延誤了處理時機，因而影響到企業的形象與信譽。其實，企業若平時已針對危機處理

機制與確認、應對重點等作好準備與測試，一旦遇到什麼突發狀況，則可立刻啟動危機處理機制來降低危機的影響層面。

例如產品暇疵事件發生時，應同時主動將資訊在短時間內正確傳達給員工及媒體瞭解，則至少能讓新聞媒體及員工能有正確的資訊對社會大眾作說明，才不會因訊息的誤解產生對企業不公允的報導，致受到社會大眾輿論的指責。例如原本單一索賠事件經由媒體或網路偏頗的披露後，導致更多消費者出面要求索賠。

故企業內部平時對因應危機發生的資金，建議應備有來源、引導與控制的計劃，例如企業復原計畫（Business Continuity Plan，BCP）。凡此皆在於確保危機控制在企業財務安全範圍內，使意外事故一旦發生時，企業營運中斷的時間能縮減至最低狀況，以維繫客戶權益及企業形象。

風險承擔法

風險承擔（Risk Taking）法的運用，通常為公司在評估營運資金、市場經營環境及目前經營階段（初期、成長期、成熟期、衰退期）後，對可能發生損失的風險及不可保風險（Uninsurable Risks）自行承擔；或者因疏忽風險管理於事故發生後不得不自行承擔所有損失。

風險跟不確定性是一體兩面，風險不確定性雖是一種壓力，但往往具警示作用而降低風險對企業的影響度。例如代理商欲取得原廠生產商品之獨家經銷代理權，相對原廠則要求代理商須先提供「保證金」擔保一定期間能達成經銷量，

若未達成經銷量，將沒收保證金。因此對代理商而言，是否能達成經銷量的不確定性風險即是一種壓力，此壓力會促使代理商努力銷售商品。

風險移轉法

風險移轉（Risk transfer）法是企業必須應用的風險管理方法。例如投保員工意外險、廠房火險、專業責任險、營業中斷險等，期以將風險移轉出去；或者將具有現金流量的資產提供予特定機構做擔保後，藉評等證券產品的發行，向投資人銷售以轉移企業資金調度的風險；或藉持有衍生性金融商品，以避開預期將發生交易之現金流量變動的風險，或透過合資方式將新投資計畫的各種不確定性風險分散，以避免獨自承擔全部資金投入的財務風險。

當企業把風險轉移給保險公司或其他機構時，就是把財務損失風險轉移給了保險公司或其他機構。由於風險分散方式，本質上並不能影響或減少企業風險之存在，且由於風險分散通常有一定比例的風險需自行承擔，因此風險是否可順利轉移，企業應經過對風險的認知、衡量及本身可承擔的程度來考量後，再來決定風險透過保險或期貨商品轉嫁等的方式與比例。有關企業風險移轉工具，讀者可參考本章附錄一企業財產風險移轉工具表。而下述幾點是企業在做投保規劃及險種選擇時，必須特別注意的：

投保規劃

1　投保險種之訂定

　　分析及確認企業體所面對的行業本身性質，以及內在、外在環境狀況之潛在危險後，選定損害防阻方法與投保之險種。而依投保之標的物，可區分為財產保險、利潤損失保險、責任保險及員工人身保險。各項目又可依企業需要再細分如商業火災保險、機器設備保險、電子設備保險、鍋爐保險等。

2　承保事故之訂定

　　任何損害防阻措施都不可能將損害完全避免與填補，因此預先安排營業復原資金之來源，方能確保企業發生事故後的繼續生存，例如商業火災保險即是一種企業獲取營業復原資金之方法之一。商業火災保險是當發生火災等承保事故時，獲取實際損失金額補償的一種互助性之經濟制度。其承保事故大致可分為單一事故、附加多項事故及概括式（亦有稱為全險式）三種，可依企業之需求訂定。

　　例如基本商業火災保險是屬於單一事故類型，主要承保火災事故，而企業若位於較易淹水的地區，則颱風洪水險應考慮附加，此即為附加多項事故型。另外概括式則是除列名不保事故外，均承保在內之型態，其保障範圍最為完整，但保費也最高。故企業可依事故過去發生機率與本身之承擔能力，做最適當之安排比較。

3 保額的訂定

　　為免因少保而不足額投保，或因多保而致超額保險，浪費保費，並無法得到超過財產價值之補償，故對於投保金額之訂定，須衡量標的物潛在危險發生的可能性及萬一發生時之可能損失。在財產保險中有重置價值投保及現金價值投保兩種，企業於投保前必須與保險公司確認該項約定。例如機器設備以重置價值投保，應於投保前查明設備之廠牌、年份、型式、規格及其重置價格。至於責任保險之保額，則可依目前法規、判決、企業規模、同業投保金額來訂定一責任限額。

4 保險期間之規劃

　　企業最好能儘量將保險標的切割並使保險期間錯開，除降低保費以外，更可避免因保險公司或再保險公　司之拒保或提高費率使保險續保作業產生空窗期及成本提高。

5 附加事項

　　保險單基本上屬於制式、一般化之規定，企業主於投保時應依其本身之特殊性，予以擴大或刪除部分承保範圍。例如高科技廠會因電力供應設備之電力供應中斷導致營業中斷，故高科技廠商對於電力設備供應中斷之附加條款乃成為必須擴充之條款。有關保險單附加條款，讀者可參考本章附錄。

6 自負額之訂定

　　保險公司對於承保之事故，通常會訂定自負額，一則避免小額損失之處理費用，一則被保險人亦可節省　保費。自負額高者，保費自然較為節省，企業可依自己本身之承擔能力來訂定。

7 保險公司之選擇

　　訂定好投保的內容，但保險公司選擇錯誤，則再好的投保內容規劃都是徒勞無功。故除信用好、經營正派及財務穩健等條件外，保險公司提供之服務是否貼心與優質，也須一併考量。

險種選擇

1 財產損失險

　　因意外事故的發生，致使財產發生毀損。如因火災導致建築物、裝修、存貨、機器設備、電子設備的毀損等，相關的產物保險即有商業火災保險及各項附加保險、機器設備保險、電子設備保險等相關保險。甚至建廠、安裝機器設備時之營造綜合保險或安裝綜合保險等，均是與企業財產相關之保險。

2 淨利損失險

　　因意外事故的發生，致使財產發生損失且營業發生中斷時，對企業收入損失之影響。例如大地震使廠商不僅財物毀損，且因無法繼續經營致有收入中斷及額外費用增加之損失。對於淨利損失或額外費用增加的損失，可由產物保險中之營業中斷損失險來承保。營業中斷目前以附加於商業火災保險中居多，亦有以單獨以利潤損失保險之方式為之。有些衍生性商品，例如巨災債券（Catastrophe Bond），發行公司平常支付較高的利率，一旦發生地震，則可以不支付利息或本金，做為保險給付的替代。

又例如滑雪場所發行雪債券（Snow Bond），若下雪量太少，滑雪客減少致營收降低時，所須支付的利率也會隨之降低，以減輕財務負擔。此種將債券的利率與降雪量以正向關係連結方式，亦具有抵銷營運風險的功能。

3 責任損失險

因意外事故的發生，致使第三者發生傷亡或財物損失，且企業主有責任必須負擔賠償責任時。意外事故的發生如因營業處所發生爆炸導致人員傷害、企業生產之產品發生瑕疵、企業所屬車輛與他人發生碰撞等。故產物保險中之公共意外保險、產品責任保險、汽車第三人責任保險等，均屬於責任保險之範疇。針對商業訴訟的損失賠償問題，如董事、監察人及經理人業務過失等，則可以專業責任保險來移轉因此所引發的賠償責任。

4 人身損失險

因事故的發生，使企業之員工發生殘廢、身故等傷害。如團體傷害保險或住院醫療保險即屬之。

5 企業營業損失險

企業營業損失險，是企業在經營過程中為保障公司經營利潤及確保股東利益，將新產品的開發、產品瑕疵、客戶不付款等風險轉嫁的保險。此種保險可與保險公司協議，如果企業數年都沒有申請理賠，則保單到期後，保險公司會將一定比例的保費退還予企業。

風險擴張法

　　有些企業目前或許處於營運獲利穩定的期間，但經理人應了解的是，在商業活動上是不進則退的。因此企業經理人仍要不斷適時運用風險擴張（Risk Enlarge）法來規劃出具開創性的營運模式及產品。其重點除在於要喚醒及凝聚員工對企業面臨的風險因子有所認知外，更重要的是不斷的為企業未來發展找尋方向，其態度就如英特爾前執行長葛洛夫所說的，唯有偏執狂得以生存。

　　在規劃出風險擴張計劃後，應充分與員工溝通並瞭解其想法以形成擴張計劃的風險管理共識，並與員工共同合作解決之。正所謂安而不忘危，存而不忘亡，治而不忘亂。企業適時使用風險擴張法為穩定的營運及有 Peter Principle 和 Paula Principle 現象的員工尋找成長方向，這將是企業永續發展的憑藉。

案例　安×食品今年全力展店　兩岸合計逾百家

　　以「×漢堡」品牌打下國內連鎖速食一片天的安×食品，今（5）日啟動 2012 年新產品推出首部曲，執行副總表示，今年將全力展店，台灣地區將開到 245 家店，大陸地區將開到 80 家，兩岸合計逾百家，同時積極開發新產品，今年將推出 6 項新商品，將挹注新獲利動能，今年店數增加及新產品加持，推估獲利將從 1 個股本起跳。對於目前股價仍在處

於破發階段，執行副總指出，股價就讓市場決定自己決定，不管如何，會全力衝刺業績，交出更好的獲利，來回饋股東們的支持。

執行副總指出，台灣市場未來 3-5 年內達成 350 家分店目標，除了擴展店數規模外，更注重單店的營業成績，每年業績都要較去年及前年同期成長，2011 年單店的平均月營收為 171.9 萬元。另外，在大陸展店部分，今年則會開到 80 家店；大陸部分將以整體將以「點、線、面」方式佈局，以 6 省 1 市（包含浙江、江蘇、福建、山東、安徽、江西、上海市）為第一步拓展計畫，其中福建廈門、泉州、福州將率先完成 60 家店面。另外，在澳洲已開出 3 家店，國際化是既定的目標。

2012/01/05　鉅亨網

風險的互換法

由於每個企業體質與核心能力的不同，對於相同風險因子的承受度亦不相同。且因大多數的風險是保險公司所不願意承保的，故企業可尋求與非保險公司之企業合作，彼此間依據風險互換協議（Risk Swaps Agreement），將雙方的權利義務先作約定，並在未來的一段期間內，互相交換他方所認為有能力管理的風險。例如不同區域的經銷商彼此間互相交換經銷區域之產品、服務合約、技術等。

　　又例如廢棄物的管理來說，因一般企業基於處理廢棄物之特殊設備的成本與專業能力的考量，往往對產品製程或作業後所產生具危險性的廢棄物（Hazardous Waste）或一般事業廢棄物等，會委託專業清除機構代為處理。企業在進行風險互換時，須考慮對方是否具備完善處理風險的能力，及是否具有健全的財務狀況與保險保障。因為當風險責任的糾紛產生時，例如醫療廢棄物處理不當產生之病毒、細菌的擴散危害。故不管是企業與受害人間、企業與風險互換者間，或三者關係間，處理上若不夠周延，將會為企業帶來更多新的風險。

案例　經營風險大　鐵礦石貿易商盼期貨保駕

2012 年 10 月 26 日　期貨日報

　　自鐵礦石傳統年度定價機制被打破後，其價格波動變得越來越頻繁。價格數據監測顯示，進口鐵礦石中，62%印礦價格在去年 2 月中旬達到年內最高的 1320 元／噸後一路下跌，今年 9 月上旬一度跌至僅 662.5 元／噸，隨後開始回升。昨日，進口鐵礦石在國內各大港口的市場均價為 835.83 元／噸，僅僅一個半月的時間，累計漲幅已愈 20%。

　　「去年春節過後，在礦價 170 美元／噸時，我一口氣囤了近 3 萬噸貨。可世事難料，現在套得是牢牢的。」遼寧一位礦石貿易商表示，當初在價格高位囤貨的礦貿商現在日子都不好過，大部分處於半退市狀態，「有的一整天才成交 100 來噸，根本就沒利潤可言。儘管目前鐵礦石市場成交趨好，

但價格已經遠遠低於當時的採購成本，貿易商的虧損是無法避免的。」

　　期貨分析師表示，現在能扛下來的，多是一些規模較大、實力較強的貿易商。鐵礦石價格的頻繁波動，使礦貿商長期處於高風險狀態，生存空間遭受嚴重擠壓。

求穩保　鐵礦石期貨呼聲漲

　　在生存空間越發狹小的境況下，貿易商開始尋求利用金融工具穩定自身的經營，市場上推出鐵礦石期貨的呼聲逐漸高漲。國家發改委官員近日表示，在國內開展鐵礦石期貨交易「晚推不如早推」已在各參與部門逐漸形成共識，中國推出鐵礦石期貨的條件逐漸成熟，下一步將進行鐵礦石期貨的制度設計和方案比選等方面的工作。鐵礦石期貨推出的步伐明顯加快。

　　長期以來，我國都是世界上最大的鐵礦石進口國和消費國，每年交易量超過 10 億噸，對外依存度較高，這使得鐵礦石市場具有吸引資金的潛質和金融化交易基礎。但目前中國沒有鐵礦石期貨，只有少數有條件的企業能借助國外的鐵礦石期貨規避價格風險，但在參與上有很大制約。

　　「對於礦貿商而言，其經營風險在於銷售與購入鐵礦石之間的價差。由於具有上下游的產業鏈關系，鐵礦石期貨推出後，將會與螺紋期貨產生很大的相關性，同漲同跌的走勢有助於企業實現全產業鏈的套保操作，增強抵禦風險的能力。」生意社分析師何航生表示，礦貿商既可以通過買入鐵礦石期貨鎖定購進成本，又可以通過賣出鐵礦石期貨鎖定銷售利潤和避免庫存貶值。當不同合約間的價差超過交割、資金占用、倉儲等成本時，礦貿商又可以進行套利操作賺取收

益，有效擴大生存空間。

　　在當前的環境下，礦貿商和鋼廠雙方需要「知己知彼」。雙方應互通有無，有目的地利用期貨市場進行買入套保或賣出對衝，在控制原材料成本波動風險的同時，還可以根據期貨市場鎖定的礦價合理安排生產，降低雙方經營風險，擴大利潤。

風險策略免疫

　　企業在面對明確的市場變化時，經由傳統的市場調查、成本分析、競爭力分析後，即可擬訂出風險管理策略。但當遇到市場不確定性變化過大或企業本身資源缺乏，已無法僅再藉由傳統的分析工具分析評估時，管理團隊彼此間對策略的共識即會出現很大的爭議。因此，若風險策略在實施前，能先經過風險管理機制之審視與討論的透明化過程，則將有助於風險策略共識的產出。而此審視與討論之行動過程，本章定義為：**風險策略免疫機制**（Process of Risk Strategy Immunity，PRSI）。（圖 4.3）

　　例如流通業，若要制訂批發分銷事業的通路風險管理策略，可對促銷費用支出、經銷商的銷售量、經銷商的信用、各地實際庫存、應收帳款回收等各項的管理過程，先經過風險管理機制流程的審視與討論，使企業的批發分銷風險管理成本能因「策略風險免疫機制」而達到利潤風險值（VPR）的標準。

　　又例如金融控股公司想藉購併的策略，使企業從區域型
金融機構轉變成全球型金融機構時，公司藉由策略風險免疫
機制實施後，有可能購併標的組合設定為：主標的為「低收
購成本、高財務危機的金融機構」，再搭配「高收購成本、低
財務危機的金融機構」而達到利潤風險值（VPR）的標準。
又或者香煙代理商想進行某地區香煙的行銷活動時，策略上
即應考量該地方相關條件是否禁止這類誘使消費者購買的促
銷活動，以免於被控罪之風險。

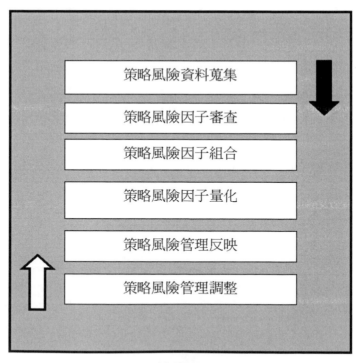

圖 4.3　風險策略免疫機制

案例　保險局：計入死差益與費差益等剛好抵銷

　　台灣長期處於低利率，衝擊國內壽險業經營；金管會保險局表示，若以資本適足率（RBC）的風險係數計算，國內整體壽險業面臨的「利差損」高達約一千億元，不過，保險局也強調，若計入「死差益」與「費差益」，再加上高利率舊保單逐漸到期，剛好可抵銷掉利差損。

　　根據統計，今年上半年國內壽險公司有六家資本適足率不到法定標準的二百％，其中，國華人壽、幸福人壽、國寶人壽、朝陽人壽的淨值為負數，而被金管會指定由保險安定基金接管，且正在標售的國華人壽，淨值缺口高達七五三億元。尤其，國華的財務缺口主要是過去發行高利率的保單，加上投資策略失利，導致缺口嚴重擴大，凸顯台灣壽險業者的利差損問題；業者表示，由於國內一直處在低利率環境，使得整體出現鉅額利差損，這屬於結構性的問題。影響壽險業的損益因素，不能只看「利差損」，因為目前的「費差」和「死差」，都是呈現收益狀態，尚可有效抵銷利差損的部分。

　　不過，當前景氣不佳，未來國內利率若仍維持低檔，這對保險業將有何衝擊？曾玉瓊表示，一方面，壽險業在低利時代的保單，若銷售情況佳，就能彌補過去高利率推出的保單損失；而另一方面，原本高利率的舊保單也會陸續到期，這對減輕利差損也會有幫助。金管會官員指出，政府也會積極協助壽險業的資金運用收益，例如將保險業參與公共建設的投資上限，由二十五％提高至三十五％等相關措施，這些都能讓壽險業者有更多穩定的收益管道，以改善強化其經營體質。

2012-9-29　自由時報

風險策略衡平

衡：審時度勢的思維
平：預防回復的行動

　　企業實現商業利益過程中，可藉由風險迴避（Risk Avoidance）、風擴大（Risk Expansion）、風險互補（Risk Complementary）、風險自留（Risk Reserve）、風險交換（Risk Exchange）、風險移轉（Risk Movement）、風險控制（Risk Control）、風險對沖（Risk Opposite 等八種風險策略與八種風險能量組合，來達成八風八能的衡平之關係（圖4.4、4.5），使企業能具有穩定的商業利益基礎。風險策略形成可從相關因子搜集出發，並在分析形成策略不同的關鍵因子後，對策略的各種組成方式做整合，亦即從策略形成的宏觀思維面分析，期以瞭解風險策略實行過程中易被忽視的議題所在，並在造成這些議題的關係特點與運作方式組合中，兼顧到利益關係人權益配置。例如風險衡平分析，關鍵公司的類型，可分為非公開發行公司（Non-Publicly Offering Company）、公開發行公司（Publicly Offering Company）、興櫃公司（Emerging Stock Company）、上櫃公司（Gre-Tai Traded Company）、上市公司（Listed Company）、其他（Other）等。

風險衡平案例

　　××信評今天表示，××金與其核心子公司××保的評等與展望，不受該兩家公司 Q1 未經會計師簽核之初步財報數據出現淨虧損的影響。××信評認為，前述獲利變動，仍在××信評對該兩家公司財務體質因外部投資環境更動而發生波動的預估範圍內。根據兩家公司最新公布的財報數據顯示，××金 Q1 的營運虧損為 13.1 億元（約占年度化合併資產總值的 0.03%）；××保的虧損規模則為 39.9 億元。

　　××金 Q1 獲利減少，主要是肇因於本地與全球資本市場的波動導致其××保發生投資虧損，以及避險成本較高之故。另外，根據最新法規的規定，保險業者必須為其健康險保單商品提列的理賠準備金費用提高，亦是導致××保營運虧損擴大的原因。

資料來源：2010/04/13　時報資訊

圖 4.4　八風八能

案例　繼續防範金融風險

　　為期兩天的第四次全國金融工作會議周六（7 日）閉幕，總理提出金融改革八大任務，聚焦規範民間資本、地方債等風險。金融部門需確保資金投入實體經濟，防止出現產業空心化現象；也提出金融改革八大任務，包括加強監管，防範系統性金融風險、防範化解地方政府性債務風險。

　　中央財經大學中國銀行業研究中心主任表示，如何在風險可控前提下，進一步提高金融業運行效率和服務水平，是此次重點。

　　他說，一方面要提高金融業服務效率，降低民間資本進入金融領域門坎，包括放寬民間資本進入金融領域，參與銀行、證券、保險等金融機構改制和增資擴股等；另一方面，要防止金融業脫離實體經濟。

　　　　　　　　　　資料來源：2012 年 1 月 7 日　BBC 中文網

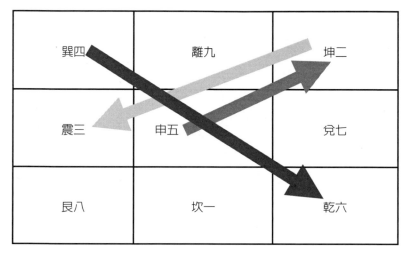

圖 4.5　衡平循環圖

天尊地卑，乾坤定矣。
卑高以陳，貴賤位矣。
動靜有常，剛柔斷矣。
方以類聚，物以群分，吉凶生矣。
在天成象，在地成形，變化見矣。

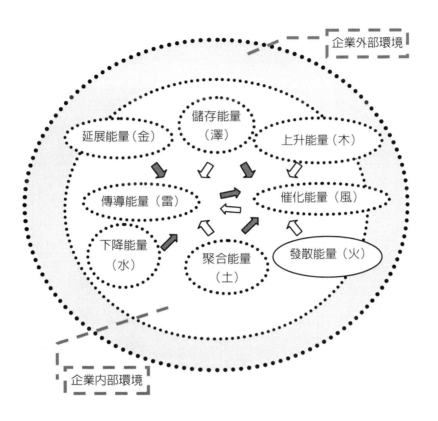

圖 4.6　風險能量

至於八種風險能量，是作者將金、木、水、火、土、澤、風、雷等象徵意義，依照其對應的物理化學特性，分別歸屬為延展能量、儲存能量、上升能量、傳導能量催化能量、下降能量、聚合能量及發散能量等八種風險能量（圖4.6），並將上述八種風險能量型態與上述八種風險策略融合運用，稱之為風險策略衡平。

附錄

企業財產風險移轉工具表

	保險標的	可投保產物保險名稱	承保風險事故
企業財產	建築物及裝修 特別裝修 營業生財 機器設備 貨物	全險式財產保險或火險暨下列附加險	除列名不保事項外，皆屬承保範圍內或火災及閃電雷擊（主險） 洪水（可加保） 爆炸（可加保） 颱風（可加保） 地震（可加保） 航空器墜落及外來車輛碰撞（可加保） 罷工暴動民眾騷擾惡意行為（可加保） 自動消防設備滲漏（可加保） 竊盜（可加保）及其他附加險等
	現金、票券	現金保險	運送途中／金庫中／櫃台上被搶、被偷、火災、爆炸造成之損失
	汽車	汽車保險	碰撞、翻覆、失火、爆炸、惡意破壞、失竊造成汽車本體之損失
	房屋廠房之建造	營造綜合險	各種意外事故造成建材、工程本體損失或第三人體傷財損
	機器設備之安裝	安裝工程險	各種意外事故造成安裝本體之損失或第三人體傷財損
	進出口機器貨物	貨物運輸險（水險）	運輸途中各種承保事故造成機器或貨物之損失
	電腦、電子設備	電子設備險	各種意外事故（不含操作不當、機械故障等）造成設備本體之損失

第五章　信用風險管理

前言

　　企業的獲利來自商業交易活動，但企業經營中的最大風險也來自交易活動。因為不論是製造業、零售業，或者經銷業（Manufacturing，Retail and Distribution）、一般性服務業（General Services）或金融服務業（Financial Services），在面對目前或未來的交易過程中的潛在性風險影響因素（Potential risk components）時，例如新技術的發明、新商品的出現、客戶關係與需求產生變化等，皆有可能會影響到企業目前既有的商業利潤（Trade profit）。也由於網際網路的快速發展，影響所及，現今企業的主要競爭優勢，不再僅是土地、資本或勞力，對於商業資訊的掌握度及運用網際網路從事電子商務交易的能力亦顯得格外重要。如何使交易活動與信用風險管理相互的配合，以降低商務交易的潛在性風險影響因素（Potential risk components），企業可選擇在交易全程中對客戶信用評估、客戶授信等的信用管理，及接續的交易債權、商品或服務等可能衍生的風險建立信用風險管理機制。

　　電子商務目前大致可以包括企業與企業間、企業內部、企業與顧客間的交易方式等三種不同方式。企業與企業間電子商務（Business to business e-commerce；又稱 B2B）亦即企業組織間透過網際網路電子商業活動，促使組織之間原料供應、庫存、配送、通路及付款等管理更有效率；企業內部電

子商務（Intra-organizational electronic commerce）係指企業運用網際網路架構，建立內部溝通系統，整合內部相關活動及提升效率；企業與顧客間電子商務（Business to customer electronic commerce；又稱 B2C）則可讓顧客迅速取得商品與相關資訊，並藉由網路與顧客間進行快速的雙向交流。

　　在此仍要強調的是，信用風險管理依產業、企業別的不同，並無一定標準可言。建議企業按風險交互影響性，妥善組合運用不同風險管理方式，期使企業能在最低的商業風險上，創造最佳的營運業績及利潤。在此本章對信用風險管理機制的建立，分別以交易評估管理（Trade Evaluation Management）所需的徵信及評等管理、授信管理（Credit Grant Management）、交易債權管理（Trade Receivable Management）及商品庫存管理（Merchandise Inventory Management）等做舉例說明。

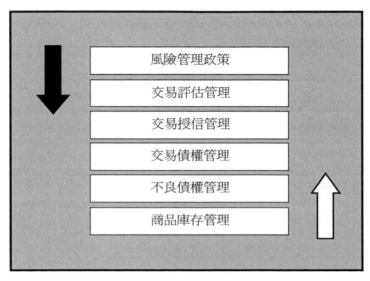

圖 5.1　信用風險管理的機制

客戶徵信管理

　　客戶徵信管理的主要目的，在於藉由瞭解及掌握交易往來客戶的發展歷史、經營方向、企業文化、產品銷售能力、償債能力、採購流程及決策團隊等基本資訊後，當要對交易客戶進行評等與授信時，能有參考判斷的依據。企業若與信用不佳的客戶往來，一旦客戶宣告破產或倒帳時，公司除財務遭受損失外，還須再花費時間和資源來尋求替代客戶期間的機會成本。因此，確實詳盡的交易徵信作業管理，為交易風險管理之重要基礎工作。

在交易徵信管理上，對客戶的信用調查方面，讀者可依本書作者所述之 7C 的原則，多方的收集客戶相關資訊並進行驗證，重要關鍵資訊則最好到實地現場訪查瞭解，以免流於過度主觀的判斷。有些信用調查工作，則可委由公司內外部相關或配合單位協助執行，例如：客戶的銀行支票帳戶狀況，可由出納單位或徵信公司進行求證。客戶的基本資料，則可由負責該客戶之業務人員據實填寫，再由相關信用管理人員作資料驗證審核。對此讀者可參考附錄二的客戶基本資料表。

而有關客戶營業額之高低、獲利毛利及損益狀況等資訊取得管道上，除客戶主動提供，或從徵信機構取得外，尚可透過客戶的內部員工口中，或同業間資訊交流等途徑獲得。須注意的是，在與同業廠商間做資訊交流時，要避免引發商業道德風險及法律風險，例如提供相反不實之市場資訊給同業廠商，又例如被同業廠商指控不公平競爭、侵犯企業的智慧財產權、洩漏合作廠商營業秘密等。在此針對本章所舉例之 7C 信用調查的原則概述如下：

特性調查

特性調查（Character Survey）主要著重在企業主事者履行債務的可能性。對企業而言，因為負責人及主要合夥關係人或股東之品格特性對企業的影響最大，因此這部分的調查上，重要性相對較高。具有良好品格特性者，對於債務履行之誠意高，即使遭逢危機挫折，亦能勇於面對，尋求解決之

道。反之，有不良特性者，對債務履行缺乏責任感，當遇到不利情況，即選擇逃避。

所以，仔細觀察負責人或主要股東平日的作風、言談舉止以及經營理念等，是非常重要的。另如為公開上市公司，則可從股權結構、財務和資訊披露透明度及董事會與經營團隊成員背景做評估。

能力調查

能力調查（Capacity Survey）指的是對客戶償債能力的調查。調查上一般會根據客戶與其他廠商往來的債信記錄，經營事業的方法，以及對客戶的工廠與公司所做的實地觀察來衡量客戶的償債能力。在調查上，負責人及主要經營團隊成員的專業知識與經驗、員工對公司的滿意度、業界的風評、機器開工率、貨車的稼動率、負責人風險移轉能力，及順應市場環境變化調整的適應能力（Adaptability）等，皆為觀察調查的重點。

資本調查

資本調查（Capital Survey）的目的，在於有時經營者雖然信用可靠，能力好，但若資本的結構不穩定，則一旦在市場上遇到任何變動情況或同業惡性競爭時，往往會形成其現金週轉缺口而無力支付帳款。資本的結構通常係指負債與股東權益的組合，實務上，因企業真實財務報表數字不易取得，

故通常是先以企業依法辦理公司登記或商業登記的資本額來做初步的推斷。

例如可將實收資本額（Paid-up capital）未滿新台幣六仟萬元，或是經常僱用員工數未滿二百人者，歸類為中型企業。若僱用員工人數未滿二十人者，歸類為小型企業。以買賣業而言，一般的中、小型企業其資本額約為一佰至二仟萬新台幣不等。

當然，若能夠取得財務報表數字，例如從股東權益比率，來瞭解所有者提供的資本占總資產的比重；或從資產負債率瞭解在企業總資產中，有多大比例是通過舉債方式來籌資，以衡量企業在清算時，債權人可取回債權的程度；或從長期負債比率判斷企業債務狀況；或從股東權益與固定資產的比率，來瞭解企業購買固定資產所需要的資金，有多大比例是來自於所有者資本。透過上述資本結構的量化分析，如此將能更清晰呈現企業的資本結構。讀者可參考表 5.1 分析公式的舉例。

表 5.1　分析公式

①股東權益比率＝（股東權益總額／資產總額）×100%
②資產負債率＝（負債總額／資產總額）×100%
③長期負債比率＝（長期負債／資產總額）×100%
④股東權益與固定資產比率＝（股東權益總額／固定資產總額）*100%

表 5.2　企業客戶資料表

一、基本資料

名稱	中　文		營利事業統一編號	
	英　文		央行分戶編號	
	負責人		職稱	
地址	總公司		電話	
	工　廠		傳真	

資本	期間	年　　月		年　　月		年　　月	
	金額	登記		登記		登記	
		實收		實收		實收	
	變動目的						
	變動方式						

二、企業狀況

組織	期間	年　　月	年　　月	年　　月
	型態			

負責人	期間	年　　月	年　　月	年　　月
	型態			

主要業務產品	名稱	年　　月	年　　月	年　　月
			-	-
		-		

三、組織狀況

主要股東	職稱	姓名	出生日期	學經歷	關係企業

經營者	職稱	姓名	出生日期	學經歷	擔任本職期間	從事本業期間	關係企業

四、工廠狀況

員工狀況	目前員工人數：
	近一年最高　　　人（　　年　　月），最低　　　人（　　年　　月）

土地及建物	項目	地號／建號	座落所在地	地目	持分	面積（坪）	用途	市價	他項權利

工廠水電供應情形	給水	水源：	用水量：　　　　　噸／月
	電力	動力源：	電熱：　　　　　KW

五、主要設備

名稱	規格	單位	數量	廠牌年份	購置年月	購入金額	估計		抵押情形		使用情形
							耐用年數	殘餘價值	抵押權人	抵押金額	

六、營業狀況

	商品	單位	年度				年度			
			生產（進貨）		銷售		生產（進貨）		銷售	
			數量	金額	數量	金額	數量	金額	數量	金額
最近年										
	合計									

	項目	單位	每月需要量	安全庫存天數	去年底盤存		主要進貨廠商	付款條件	所在地
					數量	金額			
原料供應									

銷售廠商	項目	每月平均銷售			收款條件	所在地
		單位	數量	金額		

銷售方式	內銷 %		外銷 %				
收款方式	直接銷售	其他	直接	合作			
	%	%	%	%			
	現金	期票	L/C		D/A	D/P	其他
			即期	遠期			
		%	%	%	%	%	%

七、轉投資事業概況

事業名稱	主要業務	實收資本額	轉投資金額	比率（%）	最近　年股息分紅

八、代理或合作關係

廠商名稱	地點	內容	起訖日期

擔保品調查

　　擔保調查，主要為擔保品的調查（Collateral Survey），其係指對客戶所提供擔保品的擔保價值之調查與評估。在擔保品擔保值的評估上，原則上是根據各種影響擔保品價值的因素，來衡量擔保品的市場價值與擔保值間的差距。在此要說明的是，要求客戶提供擔保品，作用不是在改變客戶信用的等級，而是在調整客戶的賒銷或放款條件，以增加銷售的業績。

　　擔保一般分為人的擔保及物的擔保兩方面。在人的擔保方面，保證人、背書人、發票人的財產與信用，及保證人、背書人與客戶的關係最好儘可能調查清楚。物的擔保方面，由於不動產座落方位及行情資訊透明度因素的影響，應特別注意實際成交價格與市場平均行情的差距。動產則應注意存放地點與保管性等。至於如何運用估價技術對不動產擔保價值做評估，亦是非常重要的環節所在。讀者可參考表 5.3 不動產擔保值評估方法，圖中之方法可依序、同時或分別進行。

表 5.3　不動產擔保值評估方法

確認評估標的，並檢附位置圖
申請相關資料 　　檢附土地、建物登記簿謄本，地籍圖謄本、建物平面圖謄本、土地使用分區證明書等。
現場勘查 　　查勘標的物鄰近交通運輸狀況、環境條件、地區經濟型態、未來發展趨勢、標的現況、適用建築法令等，並現場拍照。

調查市場買賣或租賃案例

整理、比較、分析所蒐集之案例

採用市場比較法或成本分析法或收益還原法估算市價

推定合理擔保價值

　　土地部分，就土地使用分區管制、交通運輸、自然條件、土地改良、公共設施、特殊設施、宗地條件、發展趨勢、其他影響因素修正後，推定最合理擔保價值。建物部分，則就結構、外觀、高度、格局、裝修體、保養情況、屋齡、折舊殘值、重置成本修正後推算出最合理擔保價值。

情況調查

　　情況調查（Conditions Survey）主要為客戶的營業情況調查，包括以往、現在的情況及未來企業、所屬產業之趨勢展望等，例如資產價值公司、重整公司、景氣循環公司等營業情況，其虧損情況往往大於獲利。而營業情境觀察重點，並非在於企業營業額的高低，而在於營業的實際收益率及是否有專案投資在進行，而這二項也是情況調查最重要的項目。

　　假使客戶營業額是在成長，但實質收益並沒有相對成長的話，除非是企業策略性考量，否則僅是帳面數字的成長，而實質收益卻未增加的情況下，對企業的財務運作上將是很大的風險。至於客戶若有專案的投資在進行，可用的分析方法例如淨現值（Net Present Value，NPV）法，即利用預定的折現率，將未來的現金流量加以折現加總後，若淨現值小於零則無投資價值，但例外情形為當該投資案完成後，可預見後續有可回收經濟利益產生時。

資訊調查

　　資訊調查（IT Survey）指的是企業之資訊系統運作的情形調查。例如程式設計、資料安全之管理，或企業日常作業主機環境、區域網路、電子商務（Electronic Commerce）、企業資源規劃（ERP）、供應鏈管理（Supply Chain Management）、物料需求規劃（MRP）、主管決策支援系統（EIS）、產品研發管理（PDM）等系統的實際應用效率與情形，是否真正對企業資源的有效運用發揮助益等。

通路調查

　　通路調查（Channel Survey）著重於客戶的商品銷售通路在景氣循環、法規政策、市場匯率、氣候溫度等變動時，所受到的影響性與因應方式的調查。例如企業商品銷售若只藉由單一通路來經銷，則一旦此通路遭受到價格破壞競爭時，企業的利潤將立即遭受到影響。另外例如通路的經銷區域管理機制是否混亂，通路的運輸成本是否比同業低，通路銷售商品的種類數量等，皆是調查重點。

案例　運價持續下跌

　　需求不佳，中國出口集裝箱綜合運價持續下降。截止 xx 月 xx 日中國出口集裝箱運價指數（CCFI）為 1，129.9 點，比一周前下降 15 點或 1.3%，比一個月前下降 29 點或 2.5%。

其中，上海至歐洲運價為 1020 美元／TEU，比一周前下降 50 美元／TEU 或 4.7%，比一個月前下降 460 美元／TEU 或 30%。截至 xx 月 xx 日，全球集裝箱船閒置比例為 4.5%，與 xx 月初持平，較一個月前上升 0.5 個百分點。

歐洲線淡季出貨需求大幅下滑，上海至歐洲航線平均艙位利用率僅七成左右。貨量不佳，航商將原定於 xx 月中旬的漲價計畫推遲至 xx 月中旬。截至 x 月 x 日，上海至美西運價為 2000 美元／FEU，比一周前下降 40 美元／FEU 或 2.0%，比一個月前下降 300 美元／FEU 或 13%。美西航線平均艙位利用率不足八成，市場運價繼續下滑。

客戶評等管理

在對客戶的徵信完成後，即可進行交易評等工作，然後再將所評等客戶可能無法履行債務的風險資訊，提供給業務部門做為與客戶交易往來的參考。一般而言，商業交易評等工作的信度與效度，除可藉助風險評估軟體系統提昇外，相當比例仍取決於評等者對該產業的經驗與風險認知的程度。就評等的方向上，主要偏重於營運基本面分析，例如組織型態、公司歷史、營業年資、員工人數、營業產權所有人、銀行帳戶往來情況、同業競爭狀況、經營管理者特性、公司治理程度、訴訟係屬情況等部分及財務分析兩方面。

在財務分析方面，由於未公開發行的中小企業占產業結構的大多數，在不易取得真實財務資料數據情況下，本章建

議可以實務上取得較為容易之財務數字：如獲利毛利、營業額、資本額、損益金額等為主。要注意的是，客戶若有投資期較長或生產設備較特殊的事業，因所面臨的通路風險高於平均水準，故常發生信用評等欠佳，但實際獲利卻高的例外情況。

　　如前所述，因客戶財務報表數字取得不易，為求能在缺乏詳實資料情況下仍能評等客戶之信用，本章參照銀行、徵信公司及流通業公司之客戶徵信評分表，並配合專家經驗，及作者實務檢驗後，得出本章附錄一之交易客戶評分表，以提供予企業進行評等客戶信用時之參考。另要說明的是，評分表內，有關權重比例及評分部分，是參考中小企業聯合輔導中心所編著（1986）「企業徵信與呆帳預防」書中所提 Back Man and Rebert Bartele 教授依 5C 分類，將特性占百分之三十，能力、資本各占百分之二十，其他外在因素應占百分之三十之公式，讀者可參考圖 5.2 客戶信用評分表結構。

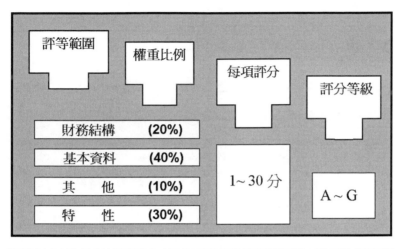

評等指標	A+	A	B+	B	C+	C
評等分數	100-161	160-81	80-71	70-61	60-51	50 以下
結構指標	擴展型客戶		穩健型客戶		改善型客戶	

圖 5.2　客戶信用評分表結構

案例　××公司說明××信用評等公司「信用評等報告」

一、有關××信評於 100.9.14 公佈維持本公司之長期信用
　　評等 twAA+，展望則由穩定調為負向，主要原因為今年
　　信評期間鋼鐵產業大環境較差。上半年因受歐美債務危
　　機的影響，導致全球鋼鐵消費需求減弱，本公司因而調
　　降內外銷鋼鐵售價，而鋼鐵生產的主要原料，煤礦和鐵
　　礦砂價格卻未跟著調降，因此本公司的營業淨利率與去
　　年同期相比明顯下滑，目前鋼鐵市場已轉向良性發展，
　　並朝較好的方向移動。

二、為因應本公司的長期經營發展規劃，未來有重大的資本
支出是必需的，其中最主要為藉由增加煤、鐵原料礦場
的投資，提高原料自給率，俾改善成本結構，同時為因
應東南亞自由貿易協定的實施，本公司在越南、印度與
其他亞洲國家都有投資計畫，做為擴大銷售通路與提高
外銷市場占有率的布局，以上重大資本資出雖會增加負
債，但都是本公司長期發展所必要的策略。

三、本次信用評等結果雖為 twAA+ 展望負向，惟與亞洲主要
鋼廠的信用評等相比，仍表現相對較好。

2011/09　中央社

客戶授信管理

客戶授信管理，是交易風險管理中非常重要的一環，其
順利開展與否的關鍵，在於授信管理人員與公司內部的業
務、行銷、財會等單位及外部相關組織間，能否持續定期的
進行信用風險資訊之交流。授信管理基本上以穩健為原則，
並適度追求賒銷額度的成長，及以提升客戶品質、維持應收
交易帳款零逾期為目標。

在實施的過程中，則應確實認知企業的營運現況、策略
與計劃等情境，例如營運資金（Working Capital）的寬鬆度、
銷售達成率、銷售目標及預計呆帳比例（呆帳損失／銷售總
額）等，以利於有效訂定合適公司現況的授信管理決策
（Credit policy）。並且應定期每月、每季或每年，按照對客

戶的交易評估及交易條件，例如付款期間、付款工具、付款折扣、付款方式等付款條件及買賣交易合約協議等，來適時調整對客戶的授信管理決策。對於此授信實施的管理模組，讀者可參考圖 5.5。

為免授信管理模組的運作影響到企業與客戶交易的商機，授信管理應盡可能採用相關管理系統輔助的方式，使授信管理能公平、客觀及有效率。例如客戶的訂單由業務或業務助理人員輸入電腦後，經由電腦的風險評分軟體對與客戶的交易綜合評分後，通過者則逕行列印發票出貨，未通過者則轉由授信管理人員出具審核意見，並轉請各級被授權人員簽核訂單是否出貨，對此讀者可參考本章附錄五訂單放行表之範例。茲將付款條件概述如下，而有關交易合約協議所載之其他交易條件，讀者可詳閱本書第七章之法律風險管理。

交易付款期間管理

交易付款期間（Payment Period）管理，主要為交易付款天數的管理。其除了考量業績成長目標及客戶評分等級外，企業本身應付交易帳款的天數期間及應收交易帳款持有期間的成本亦是相當重要因素。若應付交易帳款的期間較應收交易帳款的期間短，或應收帳款持有期間的成本過高，勢必將影響企業資金的週轉與利潤。對此，讀者可參考圖 5.3 交易帳款比率分析及圖 5.4 應收交易帳款持有成本公式。

①應收交易帳款週轉率（應收交易帳款債權實現為現金的平均次數）
　＝銷售收入／（平均應收帳款＋平均應收票據＋其它）
②應收交易帳款週轉天數（應收交易帳款債權實現為現金所需的天數，
　DSO）
　＝365／應收交易帳款週轉率
③應付交易款項週轉天數=365 日／〔銷售成本／（平均應付帳款＋平均
　應付票據＋其它）〕

圖 5.3　交易帳款比率分析公式

銷售額資金成本*企業借貸年利率*（應收交易帳款週轉天數／365）

圖 5.4　應收交易帳款持有成本計算公式

交易付款工具管理

　　交易付款工具的選擇，決定著帳款是否能安全、準時及低成本取得，常用的付款工具（Payment Instrument）有銀行電匯、ATM 轉帳、支票、匯票或信用狀押匯等。其中以銀行電匯、ATM 轉帳是最佳的付款工具，至於從事出口貿易業者，則大部分選擇以國際貿易上較常使用的信用狀押匯方式來取得應收交易款項。因此一般出口商為免除交易客戶的信用風險以順利取得應收交易款項，通常要求信用狀開狀銀行出面向出口商承諾，只要單據齊全，保證付款。而出口商如對信用狀的開狀銀行是否具有履約付款的能力有所顧慮，則可藉由保兌銀行對信用狀的承擔付款義務，來規避開狀銀行倒閉或匯不出錢時的風險。

　　惟針對單據瑕疵所造成的拒付，並不在保兌銀行責任的範圍內，故可能發生出口商收到押匯銀行撥款後，押匯文件在被開狀行發現有瑕疵，國外開狀行於是拒付，致原本的押匯款會遭押匯行全數追回，若出口商已出口產品無法追回，則將造成財務的損失。要說明的是，在信用狀的交易中由於銀行的責任僅為單據文字內容的審核，單據所載和實際交易貨物是否相符，則非銀行所需負之責任。

交易付款折扣管理

　　付款折扣（Payment Discount）的管理亦可稱為補償性折扣（Compensating Discount）管理，通常是因公司為了能讓客戶在特定期間付款或大量進貨而所給予的帳款折扣或利息折扣。例如：「2/5，net30」即表示客戶若要得到發票金額的百分之二之現金折扣（Cash Discount），須在貨送達後（或發票開立後）的 5 天內付款，在送貨後（或發票開立後）的 30 天內付款，則要支付全額。又例如有些公司的產品銷售有淡季、旺季的特性，故為了在淡季使客戶能多進些貨，會以在旺季開始的那一天作為基準，給予客戶不同的進貨帳款折扣或產品搭贈。

交易付款方式管理

　　交易付款方式（Payment Method），常見為賒銷與預付貨款二種。賒銷係存在於企業與客戶的商品交易，或與協力廠商間的採購或服務之交易協議，它意指企業最高可以提供或

取得的可延期付款金額；預付貨款則為客戶在未收到訂單商品或服務前先給付現金的方式。賒銷額度的訂定，須依先前徵信所調查、收集、建立的客戶資料檔案及信用評等資料為基礎，並輔以其同業或廠商間的風評、售後的互動情形及所銷售產品的價格與屬性等綜合考量後給予賒銷額度，相關賒銷額度的公式如下圖 5.5。至於賒銷額度的組織結構建議應包括訂單金額，應收交易帳款，逾期帳款等。

①月賒銷額度＝年平均月銷售額＊（客戶付款期間／30＋1）
　＊（預估年銷售成長率或客戶風險係數）
②月賒銷總額度＝銷售利潤風險值＊〔30 日／資金週轉期間〕
③資金週轉期間＝應收交易帳款週轉天數＋存貨週轉天數－應付交易帳款週轉天數

圖 5.5　賒銷額度基本公式

　　原則上，產品價格越低、售後往來互動佳、風評好，則賒銷額度越高。賒銷過程中並可適時依客戶付款情形及進貨量，對賒銷額度進行調整，以協助企業增加銷售量。一般當企業運用低價策略或放寬賒銷條件的方式使賒銷額度增加時，相對亦增加應收交易帳款的持有成本。而連帶壞帳損失也會隨著賒銷額的增加而增加。有關賒銷額度的審核流程及訂單放行，讀者可參本章附錄二、五之客戶賒銷額度審核表及訂單放行審核表。

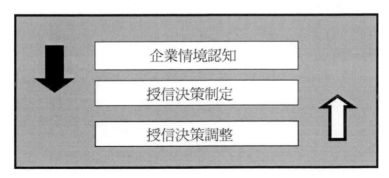

圖 5.6　授信管理模組

客戶債權管理

　　企業的商品在交易過程中，從銷售機會的產生、到原料的排產、生產、商品的配送、驗收到最後應收交易帳款的收回，其應收交易帳款週期長短會因不同的商品類別或行業而有所不同。此外，企業為擴大市場占有率及提高銷售業績的目標，通常會選擇性的考量是讓客戶用現金交易的方式進貨，或讓客戶用長天期的賒銷方式進貨；且隨著商業交易結算方式的多元化，應收交易帳款的收取常須配合客戶的不同付款方式，因而使得企業的交易債權（Trade Receivable）亦多元化。而上述交易過程的各個環節，只要有一個環節發生問題，都將會使公司的交易成本提高。

　　更甚者當公司往來的經銷商、客戶、合作者無力償付帳款、惡意倒閉欺詐，或業務人員為達成業績目標而過度交易

（over trading），在接受大量信用有問題的客戶後，致衍生高比例未實現交易債權，其不旦侵蝕了企業原有的利潤，更會影響到企業資金的週轉，嚴重者將造成企業的黑字倒閉。畢竟，會做生意只是徒弟，會收錢的才是師父。茲針對商業債權的種類、商業債權逾期原因及作業管理方法分述於下：

交易債權的種類

交易債權的種類，一般常見的可分為下列三種：

1 應收帳款

商業經營活動中因交易所產生的帳款債權，稱為應收帳款（Accounts receivable）。例如原廠銷售商品的賒帳或專業諮詢顧問服務所收取的顧問費等。

2 壞帳或呆帳

無法收回的應收帳款稱為壞帳或呆帳（Uncollectable accounts 或 Bad debts），其估計通常根據每期賒銷金額、期末應收帳款餘額，或每一筆應收帳款已賒欠的期限長短。而不論發生的原因為何，無法收回的應收帳款就是企業的壞帳或呆帳。

3 應收票據

依票據法規定成立的債權憑證，應收票據（Note receivable）有附息票據及不附息票據兩種。即期支票視為現

金。本票、已承兌之匯票、遠期支票等均作為票據處理。利息屬於財務性質的項目，在損益表應列為非營業收入或費用。

交易債權逾期因素

交易債權逾期（Trade Receivable Past Due）因素，可分為外部因素與內部因素，就企業外部因素而言，例如市場景氣不佳、股市低迷、銀行政策性緊縮融通額度、庫存積壓資金過高，或民間借款利率升高等因素，皆會影響到企業及個人資金的調度。其直接反應在市場的現象，就是存款不足的退票張數比率數字昇高。客戶在退票張數與應收交易帳款未收回比例增加下，將可能連帶影響其現金週轉調度支付到期應付帳款的能力。

另有些客戶本身的付款習慣（Payment Manner）在市場上即風評不佳，且常會找各種理由或方法延遲付款，例如以客票或人頭票向供貨廠商賒銷買貨，再將貨以較低價格賣給中盤商換取現金，並在供貨廠商接到銀行通知客票或人頭票退票後，要求換票延後付款。又例如時有所聞的供貨廠商受騙案例，即客戶用偽造證件開設公司，並於初期往來時以現金支付供貨廠商取得信任。爾後則開立予遠期的支票，並在支票到期跳票前，將倉庫內所有的貨品變賣逃逸，或請求供貨廠商以一至三成的貨款結清。一般企業遇到上述情況，如果交易往來前並未取得擔保品者，幾乎都只能被迫選擇以客戶要求成數結清，甚或變為呆帳。

　　就企業內部因素而言，企業的業務人員缺乏交易風險管理的觀念或服務不佳時，常會衍變成逾期帳款。例如水災過後，經銷商貨品遭受水漬，因業務不積極配合水漬品退貨處理，經銷商因此故意延遲付款以表達不滿，致使一筆原本可按時收回的帳款，卻因此變成逾期帳款。或當業務與經銷商間因銷售折扣金額未談妥，致產生價格差異之部分欠缺折讓憑證，使會計人員無法沖銷交易帳款因此掛帳成為逾期帳款。又或業務以幫助引單及業績獎勵金目標來說服經銷商大量進貨，事後卻未相對替經銷商引單出貨，造成經銷商庫存過高，經銷商因而要求超量進貨之部分延長付款期限致形成逾期帳款。

　　因此企業應定期針對業務的業績目標、拜訪客戶技巧及個人銷售特質等進行討論與調整改善。又例如行銷人員、業務人員與授信管理人員間因未定期討論應收帳款的狀況，或公司的管理人員未定期編制應收交易帳款帳齡分析表（Aging Report）來管理，致企業未能依帳齡長短來採取必要之帳款回收動作；亦或公司未訂立收款獎勵辦法及回收計劃，而僅以業績來計算獎金，故業務不是很積極的催收應收交易帳款。

　　而當企業商品發生滯銷、有瑕疵、不符環保規定、商品即期退貨未從客戶倉庫收回等，亦皆有可能造成逾期帳款。因此企業在商品生產或代理銷售前，應瞭解消費者的需求，並有效區隔市場及規劃通路促銷活動，期使顧客的重覆購買頻率增高。但辦通路促銷活動時，應注意以不違背政府相關

法令規定為原則，例如酒類的抽獎促銷活動，財政部對全年
總獎金金額上限即有一定金額之限制。

交易債權管理

1 定期編製應收帳款報表

定期編製應收帳款報表，除可及時與客戶做對帳工作
外，並可藉此找出逾期帳款發生的原因，以限期責成業務處
理。例如是否為業務人員把錢收回後尚未繳回公司，或者是
業務還未安排時間去收款，或客戶將應付交易款項逕自抵銷
相關公司尚未同意給付之費用（如端架費、落地陳列費或廣
告贊助費等），致所產生之差額無法沖銷而列為逾期帳款。

2 訂定帳款回收報酬制度

要有效的改善及縮短公司應收帳款的品質與期間，除了
當企業的商品在市場上是領導品牌或銷售週轉率高有主導權
的情況外，企業通常或可考量對客戶訂定應收帳款準時兌現
獎金，或提高現金付款折扣方式來縮短付款期限，或者以銷
貨退回折讓的方式，提供客戶誘因提早給付款項。

至於企業在內部亦可建立起收款績效報酬制度，依通路
及客戶別之倒帳風險大小，訂定績效報酬（Performance-based
pay）制度，當業務將帳款按照規定的方式準時收回後，公司

即給予收款獎勵金，如此能讓業務明白，把帳款收回來，就是增加自己的收入，而使其樂於盡力將帳款收回。

3 加強收款技術的訓練

收款的技巧，除從實際經驗中去累積外，若能有資深業務或收款人員內隱知識經驗的傳承訓練及協助，會有更事半功倍的效果。例如從平常拜訪中仔細傾聽客戶話語中的弦外之音，以瞭解客戶營運是否出現問題。

又例如業務在收受客戶所開立支票時，應注意金額、發票日期、簽章等是否有缺漏，若有缺漏，將造成票據無效。如果收受的支票是非客戶所開立，應注意其背書應當連續。所謂背書連續，是指票據轉讓過程中，票據的背書人與受讓票據的被書人在票據上的簽章應依轉讓先後相互連接。即自發票時的受款人至轉讓到最後的執票人，除第一次背書人為受款人外，其餘的轉讓人間應相互連接而無間斷。又例如支票若為公司所開立，則應有公司大、小印鑑章的用印；在收受本票時，到期日填寫與否皆可，若未填寫，則視為見票即付。

票據付款地欄，最好填寫公司的法務單位所在地址，以防將來若進行法律程序時，可由公司法務單位所在地法院管轄。當接受債務人簽發本票時，應請全部債務人簽名於發票人欄，並填上身份證字號及戶籍地址，以防將來一旦債務發生不履行時，法務單位可對所有發票人聲請本票裁定。

132

4 訂定應收帳款管理辦法

　　公司應收帳款一旦出現問題，將造成壞帳或應收帳款持有成本的增加。故不論企業規模大小，應訂定應收帳款管理辦法來預防及處理帳款之風險。例如收到新客戶票據時，應規定先以電話向銀行照會其支票存款帳戶往來是否正常，以瞭解對方的信用狀況；對舊客戶所交付的票據，則應注意票據是否與原來開的票一樣。

　　若客戶過去都是交付公司名義所開立的支票，現在卻交付以客票或個人票，就需瞭解原因何在，是否是業務人員收取了客戶的即期支票後，另以長期的支票交回公司以週轉或賺取利息；或是客戶票據信用發生問題，所以用別人開立的支票給你，在此讀者可參考本章附錄四之應收交易帳款管理辦法。以下是客戶票據正常的指標，特提供讀者參考如下：

(1) 客戶票據按期開出及兌現

(2) 客戶無更改票期情事

(3) 客戶票據之金融機構固定

(4) 客戶轉付票據均為健全對象之票據

(5) 客戶轉付票據遭退票，能立即改以現款兌付

(6) 有時請求客戶提早付款亦肯幫忙

5 加強銷售關係的管理

　　企業的顧客分外部顧客及內部顧客（例如企業的員工與協力廠商）兩大類。市場的競爭環境不斷在改變，但滿足客

戶的需求,是永遠不變的法則。故企業無可選擇的應努力追求內、外部顧客的滿意,並有系統的掌握與分析顧客類型與需求。積極的作法可將員工的部分之獎金和顧客滿意度做連結,當顧客滿意度達到一定指標,公司始給予員工獎金,則員工將自發性的把注意力放在滿足顧客的需求上。

至於加強銷售關係管理(Sales Relationship Management)的方法,除了給予顧客優惠的折扣或獎勵條件外,在銷售過程中提供一些差異化的服務使客戶感覺受重視,及定期性與客戶聯繫拜訪來建立穩固關係等,皆是可以考慮的方式。例如每次拜訪經銷客戶時,可與客戶討論有關高涉入感(high-involvement)的高價商品或低涉入感(low-involvement)的平價商品在通路銷售的狀況,或通路促銷品的陳列位置的情況等;或在拜訪客戶的時候與客戶討論一些企業管理實務技巧。

交易債權擔保管理

企業依商品在市場的競爭力,可適當要求客戶提供交易債權的擔保,以預防客戶在無法清償債務時,做為變現清償的保障或作為客戶篩選的門檻。尤其當客戶的信用不佳或交易的風險程度相當高時,債權擔保更是有其必要性。而債權擔保的種類,其常見者如下:

1 現金抵銷權擔保

即由客戶提供現金存放於公司,作為債權擔保,於客戶發生無法給付債務時,即行使抵銷權將存放之現金抵償債

務。此擔保方式，由於客戶常常要求公司開立收據，因此收據上最好能註明公司有權行使抵銷權。

2 質權設定擔保

質權設定擔保，一般主要為商標或定存單、股票、基金、公債等有價證券的質權設定擔保。定存單質權設定為客戶以現金向銀行辦理定期存單，再將此定期存單予以質權設定，而為防止日後銀行行使抵銷權，在質權設定申請書內，應要求銀行放棄行使抵銷權。

如有以個人名義之定期存單作為企業質權擔保設定，須要求此定期存單之存款戶能簽立履行企業債務的同意書，或更改定期存單之存款戶為交易往來企業名稱。

有價證券的質權設定，較常見以股票質權設定予公司做質押債權擔保。股票的質權設定擔保，一般而言，建議採用銀行的評估標準。而不論是定期存單或有價證券，皆應儘可能保留占有以利日後強制執行。至於商標的質權設定，則應注意商標的註冊登記期間是否屆期或短於質權設定的期間。

3 抵押設定擔保

抵押設定擔保分為動產抵押及不動產抵押設定擔保，抵押設定係抵押權人對於債務人或第三人不移轉占有，而就供擔保債權就其賣得價金受清償之權。故辦理機器設備或車輛、古董、珠寶手飾等動產抵押擔保時，須能夠隨時占有該動產，否則應儘量避免辦理動產抵押，以免發生實行抵押權

之困擾。又辦理動產抵押，其標的物須以法令規定之項目為限，且須辦理登記，才能對抗善意第三人。

辦理不動產抵押設定擔保時，須先評估該不動產有無殘餘價值，是否為共有之財產、抵押權標的是否有租賃關係或地上權存在、是否地上有第三人建物或增建、違建，及抵押人是否為法人公司或未成年子女等。

4 保證擔保

保證擔保當以有資力的第三人為保證（Guarantee）較佳，並須注意與保證人之對保手續，其及所蓋之章須為印鑑章或銀行存款章，以免發生日後舉證之困擾。當以銀行為保證人時，由於銀行之保證函皆有保證期間，故須注意到期日，以免因過期而使債權擔保失效。對於以公司為保證人時，須瞭解該公司章程規定是否得為保證。若客戶以本票為保證擔保時，發票日應儘可能空白而以簽立授權書給公司自行填寫日期的方式為之。

而為免發生保證人抗辨事由，增加強制執行之困難，可要求保證人改以連帶保證方式為之。另外企業若是收取遠期票據，亦可將所持有的票據在到期前，將票據背書後轉讓給金融機構以取得現金，俗稱為**貼現**。銀行會根據到期值（票面額加計利息）及貼現率計算貼現息，將到期值減去貼現息後的餘額，即為企業實際可得之現金。

5 信用狀擔保

信用狀（Letter of Credit）的交易雖是以買賣契約為基礎，但信用狀一經開發，則交易標的轉為單據而非買賣貨物。在信用狀交易中，銀行責任僅為單據文字之審核，並非貨物。且對於單據之偽造、變造及單據和貨物是否相符亦不需負責。因此，銀行信用狀只是一種付款條件，實非擔保之工具。故以銀行信用狀做擔保時，最好為「不可撤銷信用狀」，且須要求客戶先將空白的「押匯申請單」蓋上客戶之銀行往來存款印鑑並應注意信用狀的有效期間需長於或等於交易的擔保期，如此其效力將與銀行本票有異曲同工之效。

另依據 UCP 500 規範，擔保信用狀仍適用於信用狀統一慣例的條款，其主要是開狀銀行基於信用狀申請人的請求，開發此一不可撤銷（Irrevocable）擔保信用狀，委由通知銀行（即信用狀受益人）出借某一融資數額予某一特定資金需求廠商。若開狀申請人不履行交易契約時，受益人可向開狀銀行提出付款的請求，通常約定的提示文件可為原始擔保信用狀、即期匯票及聲明書等。擔保信用狀要註明有效日期，並約定以何國的時間為基準。

6 信用保險擔保

信用保險可有效的降低公司因銷貨或提供服務之賒銷交易所產生應收帳款之風險，即保險公司賠付承保帳款未被支付而成為呆帳時的損失。除此之外，信用保險保單尚可向財

務金融機構取得融資。惟須注意其主要不保事項，例如匯率波動、商業糾紛、公權力介入及戰爭及天災等。

不良交易債權管理

　　不良交易債權（Non-Performed Trade Receivable）的管理，首重無擔保交易債權的確保管理。當產生不良交易債權的初期，企業在瞭解不良債權發生的原因及客戶的營運情況後，應決定是否發出要求客戶限期償還的催告信函，使意思表示傳達的法律效果成立。而不論是否發出要求客戶限期償還的催告信函，最好能先由業務或信用管理人員儘速協同前往與客戶協商相關償還辦法，因為在無擔保交易的情況下，僅以法律來處理不良的交易債權，對債權回收的實質面助益往往不大，但如果有具客戶交情的業務及瞭解客戶情況的信用管理人員參與協商，其發揮的效果將遠超過僅僅只以法律程序的處理方式。

　　另在產生不良交易債權的初期，公司亦可先申請假扣押裁定來調閱瞭解債務人之財產狀況，以作為協商及是否進行假扣押執行之考量。協商期間，可順勢要求債務人提供連帶保證人共同簽發本票，切記須全部簽名於發票人欄，以利將來對全體發票人聲請本票裁定。或者提供擔保品供設定質權或抵押，以利將來藉由拍賣抵押物優先受償。至於企業若已設定或占有債務人之擔保品時，則在協商無法合意時，或可實施強制執行以實現商業債權。有關法律追索不良交易債權之內容，讀者可詳閱本書第七章法律風險管理。

客戶庫存管理

　　就客戶庫存管理而言，所直接影響的即是應收帳款認定的基準，其供（退）貨量的管理適切與否，更關聯到銷售價格的高低。例如廠商因庫存管裡上未先進先出（FIFO），致商品到期日接近的貨品在賣場銷售不佳而被退貨，因此所增加的成本，若用銷售價格提高或降價傾銷的方式轉嫁，勢必影響到商品的週轉率及通路商品價格結構。反之，因廠商減少退貨處理之成本，則能以較多的搭贈方式吸引顧客購買以提昇業績。

　　若企業的交易庫存量具規模性，為靈活因應市場的需求變化，企業可考慮建立多組合的商品管理系統。例如可將商品依進貨成本高低、季節性、週轉率、供貨區域等，分置於不同倉儲以提高管理的效率。故企業若能對庫存情況掌握有及時性，將能更為合理地把庫存降到最合理的程度，同時又能避免缺貨情況發生。茲針對庫存管理分述如下：

庫存作業管理

　　庫存作業管理的重點，除定期盤點實際與帳上庫存是否相符，及所有進、出庫是否確實憑單入帳產生付款作業及應收帳款作業銷帳外，商品庫存量的配置比例是否符合市場供需，及目前庫存的價值評估是否合理，亦是相當重要的事項。企業對

於未來可能出現的貨源供給短缺以及進貨價格升高等問題，亦宜預先作好存貨數量調整，以免有貨源中斷及採購成本提高之虞。有關存貨週轉分析公式請參照圖 5.7。

　　為降低存貨過多滯銷的固定成本風險，有些企業採取接單後生產（BTO，Build to Order）的模式，將能使存貨接近零庫存以降低滯銷的風險。而一般無法做到接單後生產之企業，庫存是否能與市場供需情況相符，則非常的重要。因為週轉率高的商品庫存量不足使客戶無法如期取貨，勢必延誤商機；而週轉率低的產品過多，則將會積壓企業營運資金，並使財產保險等費用支出相對增加。且若倉庫儲位因此不敷使用，還必須擴建或外租倉庫存放，這又將增加倉庫租金及運輸的成本。

①存貨週轉率＝銷貨成本／平均存貨
②存貨週轉天數＝360／存貨週轉率

圖 5.7　存貨週轉分析

庫存移轉管理

市場訊息管理

　　企業有形或無形商品的銷售，本質上即為占有空間移轉的銷售，因此如何將商品原所占有企業的空間，藉著區域業務、銷售服務及商品定價等的整合，將其移轉成占有客戶的

空間，實為庫存移轉管理的重點。而商品定價之所以重要，在於它除了是區隔市場的重要參考依據外，它更是與顧客無形的交流對話方式。例如，百貨公司每逢週年慶的促銷折扣，就明白傳遞了消費者一個訊息：「平常儘量不要買，等到週年慶促銷活動時再說。」因此企業對於通路市場上的商品銷售種類、數量及銷售價格等資訊的調查、分析及應用等的管理工作即非常的重要。

客戶訂貨管理

藉由市場訊息管理，企業可瞭解到商品的週轉率以及推算出客戶可能的訂貨種類及數量。而訂貨量預估的方式，可以依客戶庫存量與訂貨量間對應關係來推算，本章特提出以下公式供讀者參考：

【（期初庫存量＋進貨量－期末庫存量）× 調整係數】
＋【產品安全庫存量】－【現有的庫存量】

圖 5.8　訂貨量預估公式

調整係數的管理

調整係數（Adjustment coefficient）的管理，主要為調整係數變動的管理，而變動主要係受到促銷活動的誘因、產品的週轉率、市場規模、氣候條件；及目標客戶性別、年齡、所得、學歷、心理、價值觀及生活方式；或公司訂定的業績

目標等因素之影響。例如感冒流行季節時，感冒的人數會增加，則感冒藥、溫度計和口罩之類的用品銷售量就會上昇；氣溫高的季節，冰品、乳飲類和美白防曬乳液、啤酒等銷售量就會提高。又例如某項商品係屬於易腐敗的商品，企業基於出清存貨或儘速變賣商品換取現金的考量，而對產品予以特別折扣促銷。而企業商品週轉率的高低，則大部分取決於商品是否符合顧客價值需求或使用習慣。

附錄

附錄一　客戶評分表

客戶代號：	客戶名稱：	信用等級：

1. 企業基本資料評分（40%）

評分項目	評分內容					評分
企業組織	大型企業或知名之集團企業（15）	股份有限公司（10）	有限公司或家族企業（7）	商行（4）	其他（1）	
企業歷史	10 年以上（15）	5 年以上（10）	3 年以上（7）	1 年以上（4）	未滿 1 年（1）	
主營業項目年資	5 年以上（10）	3 年以上（8）	2 年以上（6）	1 年以上（4）	未滿 1 年（2）	
營業所坪數	200 坪以上（10）	100～200 坪（8）	50～100 坪（6）	30～50 坪（4）	30 坪以下（2）	
員工人數	150 人以上（10）	50～150 人（8）	20～50 人（6）	5～20 人（4）	5 人以下（2）	
營業所產權	公司所有（10）	負責人所有（8）	合夥人所有（6）	家族所有（4）	租賃（2）	
獲利毛利	15%以上（15）	10%～15%（10）	5%～10%（7）	3%～5%（4）	3%以下（1）	
銀行帳戶往來情況	公司或負責人名，開戶 4 年以上或相關人，開	公司或負責人名，開戶 2 年以上，或相關人名，開戶	公司或負責人名，開戶 1 年以上，或相關人名，開戶	新開或開戶未滿 1 年（4）	有退補（1）	

	戶 5 年以上 （15）	3 年以上 （10）	2 年以上 （7）			
加權分數：						

2. 經營者特性評分（30%）：

年齡	30～49 歲 （25）	25～29 歲 50～60 歲 （20）	20～24 歲 61～70 歲 （15）	其他 （10）		
婚姻	已婚有子女 （25）	已婚 （20）	未婚 （15）	離婚後再婚 （10）	其他 （5）	
學歷	大學以上 （10）	大專 （8）	高中職 （6）	國中 （4）	其他 （2）	
經歷	相關行業 10 年以上 （30）	相關行業 5 年以上 （25）	相關行業 3 年以上 （20）	相關行業 1 年以上 （15）	其他 （10）	
戶籍	世居營業所在地 （10）	負責人戶籍為營業所在地 （7）	負責人戶籍為新遷入營業所在地 （5）	相關人戶籍為營業所在地 （3）	其他 （1）	
加權分數：						

3. 企業財務結構評分（20%）：

營業額／資本額	5 倍以上 （30）	3～5 倍 （20）	2～3 倍 （15）	1～2 倍 （10）	1 倍以下 （5）	
損益／營業額	3%以上 （30）	2%～3% （20）	1%～2% （15）	1%以下 （10）	虧損 （0）	
風險移轉方式	投保火險、附加險及有保全設施 （15）	投保火險 （10）	有保全設施 （5）	無 （0）		

不動產擔保值	公司具有擔保值之不動產2筆以上（25）	公司具有擔保值之不動產1筆(19)	負責人或合夥人具擔保值之不動產2筆以上（12）	負責人或合夥人具擔保值之不動產1筆（5）	無（0）	
加權分數：						

4. 企業提供資料加分項目（最高5分）：

負責人身份證明影本（2分） 不動產權狀影本（2分） 銀行存款證明（3分） 其他財力證明（1分）	

5. 企業提供擔保品加分項目（最高5分）：

擔保內容	定存單質權200萬以上（5）	定存單質權100萬以上或不動產抵押權200萬以上（4）	定存單質權50萬以上或不動產抵押權100萬以上（3）	其他金額之擔保質權或抵押權（1）	無（0）
陸、綜合說明：					
授信管理人員：　　　　　　　　　　日期：					
總分：					

6. 客戶信用評分等級表：

等級	分數	風險行動
A	90～100	微度風險、優惠條件交易
B	80～90	輕度風險、正常條件交易
C	70～80	低度風險、無重大事故時，正常條件交易
D	60～70	中度風險、有條件之交易
E	50～60	高度風險、有擔保之交易
F	40～50	極度風險、預付現金交易
G	0～40	不宜往來交易

說明

1. 營業年資指公司於目前所在營業處現址之年數。

2. 相關人指公司負責人之配偶、父母、子女或股東、合夥人等有參與公司經營者。

3. 損益預估＝（營收毛利）－（薪津支出）－（租金費用）－（車輛折耗）－（利息支出）－（其他費用）。

附錄二　客戶基本資料表

填表日期：

□新客戶　　□客戶資料更新					
客戶代號			客戶名稱		
統一編號			郵遞區號		
發票地址或送貨地址 （請附指定送貨委託書）					
公司型態	□股份有限公司　　□有限公司 □商行			年營業額	
公司主要產品					
主要供應商					
主要往來客戶					
主要往來銀行 及期間					
聯絡資料	業務單位		財會單位		
聯絡人／職稱					
電話／傳真號碼					
電子信箱					
付款期間		付款方式	□賒銷　□現金		
配送型態		隨貨附發票	□Y　　　□N		
通路型態					
業務代號					
驗收條件					
下貨限制					
車輛限制					
客戶應附資料：1.營利事業登記證　2.負責人身份證影本　3.銀行帳戶封面 　　　　　　　　4.指定匯款同意書　5.送貨委託書（送貨與發票地不同者）					
業務代表 簽　　核		業務主管 簽　　核		建檔人員 簽　　核	信用管理 人員簽核

附錄三　客戶賒銷額度審核表

	客戶名稱：　　　　　　客戶代號：	
申請人	預估銷售金額：＿＿＿＿＿＿＿　　／每月平均 付款條件：＿＿＿＿＿＿＿ 付款方式：□匯款　□支票　□現金 賒銷額度：＿＿＿＿＿＿＿ 擔保品資料： 逾期帳款：有／無　逾期天數：	意見：
部門主管	意見：	
信用管理	建議賒銷額度：＿＿＿＿＿＿ 建議付款條件：＿＿＿＿＿＿ 擔保總金額： 擔保品價值： 信用評等為 C 以上客戶，申請人提供下列資料者，可增加之賒銷額度 1. 資產負債表：＿＿＿＿＿＿萬 2. 損益表：＿＿＿＿＿＿萬 3. 營業銷售額與稅額申報：＿＿＿＿＿＿萬 4. 公司變更登記事項卡：＿＿＿＿＿＿萬 5. 銀行存款證明：＿＿＿＿＿＿萬	意見：
財務長	意見：	
總經理	意見：	

附錄四 應收帳款管理辦法

第一章 總則

一、立法目的：

　　本辦法之制定係為確立公司應收帳款作業流程並縮短應收交易帳款在外流通天數，以提昇公司應收帳款資產之品質。

二、適用範圍：

　　本辦法之適用範圍於總公司及各分公司。

三、執行單位：

　　本辦法之執行單位為總公司信用管理部，協辦單位為各分公司。

第二章 應收帳款作業流程

四、未到期之應收帳款：

　　業務人員於客戶應付帳款到期前，應定期以書面或口頭持續通知客戶其對公司之帳款即將到期，促其準時付款。

五、到期之應收帳款：

　　業務人員由公司電腦系統得知客戶之帳款到期尚未入帳者，應即確認並當面或以書面方式通知客戶儘速付款。

於前項情形，財會人員應負責持續追蹤客戶應收帳款情形，並提醒業務人員或其主管，其客戶已有逾期帳款之情事發生。

六、到期帳款逾期三十天未付者：

客戶逾期帳款超過三十天時，業務人員應以書面通知客戶如未於十四天內付款時公司有權停止出貨並排除缺貨罰款之約定.

七、到期帳款逾期六十天未付者：

客戶逾期帳款超過六十天，業務人員應立即停止下單出貨並通知客戶，待逾期帳款收回或經業務主管與財務長共同簽核許可後，方可繼續供貨與該客戶。

八、到期款項逾期九十天未付者：

客戶逾期款項超過九十天未付款者，業務人員應將與該客戶交易之相關文件、資料轉交予信用管理部。信用管理部得依實際發生案例情形並於知會相關部門人員後，與相關部門共同決定採取何種催收程序之方法。

前項相關文件係指合約、訂單、發票、出貨單、提貨單、對帳單、催收信函等書面文件。

經移轉信用管理部之客戶不得再往來，除非經副總經理核准.

九、催收程序之方法

協助業務與客戶談判。

發存證信函或律師函。

直接與客戶進行協商。

非訴訟上之和解或進行法律程序。

前項所稱法律程序，包括非訟事件，民、刑訴訟及強制執行等程序。

十、壞帳

業務人員依前述程序無法順利收回應收帳款者，得與信用管理部協商，由其依實際發生情形決定是否繼續催收，或逕取得相關憑證以供會計部提列壞帳之用。

前項所謂無法順利收回應收帳款之情形，係指客戶因倒閉、逃匿、和解或破產或其他原因至公司債權之一部或全部不能收回者。

因可歸責於業務人員之事由致產生的呆帳，依公司訂定之獎懲辦法處理.

十一、交易憑證

業務人員得依實際交易情況並經徵詢信用管理部後，決定與客戶之交易方式係以訂單或契約為之。業務人員如以訂單為交易憑證者，應要求客戶交付正式之書面訂單並妥善保管;如以契約方式為之者，則以公司所實施之契約簽核及管理辦法，依該管理辦法之內容簽訂契約，並妥善保管書面契約以為雙方交易憑證。

客戶之信用審查若為第一次交易之新客戶，業務人員應填寫客戶基本資料向信用管理部提出信用額度申請，待信用管理部進行信用評估後，由信用管理部依權責決定未來與客戶往來之交易條件並授予額度。

前項所提信用評估之依據可為公司正式或非正式財務報表、銀行往來資料、同業訊息交流，由信用管理部所設定評等期間內交易紀錄、媒體報導、或任何其他可供佐證之文件、單據或商業訊息報告。

業務收受新客戶票據前，應先通知信用管理部人員，請其先向銀行照會新客戶支票存款帳戶往來是否正常；對於已往來之客戶所交付的票據，則應注意票據發票人是否有變動。

第三章　信用管理部相關作業流程

十二、信用管理部之簽核

凡客戶有尚未結清之應收交易帳款金額加上最近一次訂單總金額，超過信用管理部核准之信用額度，或有任何逾期款項超過三十天，且確認可歸責於客戶之事由時，業務人員應將每一筆訂單經其直屬主管簽核後，再送交信用管理部會簽。若該業務部門直屬主管不在時，需由該主管之職務代理人或該主管之直屬主管代簽。

十三、逾期款之追蹤：

信用管理部於每週編製應收交易帳款與逾期帳款之報告，內容詳列各客戶之逾期款金額及對該款項之處理行動。此報告由信用管理部以電子郵件寄發予各業務部門主管。

十四、審核權限：

　　　　第十一項審查通過後，信用管理部得逕將單據發
還業務人員，並將核准之訂貨單放行出貨；審查結果
若該客戶若有信用風險，，信用管理部在評估該客戶
之信用狀況後，決定是否得以出貨。並於評估完成後，
將該筆交易審核意見交予其直屬主管簽核。信用管理
部及各單位主管對單一客戶之超過信用額度部分簽核
權限如下：

－ 金額在 NTD　1,000,000（含）以下者，由單位主管
　 簽核，會簽信用管理部主管
－ 金額在 NTD　1,000,000（不含）以上者，由財務長
　 簽核。

　　　　若上述規定授權人員因故無法及時提供授權時，須
由其再上一層直屬主管簽核後，方視為完成授權程序。

第四章　其他

十五、違反責任

　　　　各部門相關行為人因故意或重大過失違反本辦法
造成之損害，公司有權對該行為人請求賠償或負擔行
政或法律責任。

十六、生效及修正

　　　　本辦法相關事項及條文，自公布之日起即生效
力。並得由信用管理部與各單位研議修訂後，由總經
理公布之。

附錄五　訂單放行核淮表

訂單放行核淮表 Order Release Form

客戶代號：Account Code	信用評等 Credit Rating
訂單號碼 Order No.	訂單金額 Order Total
應收帳款 A/R	應收票據 N/R
逾期帳款 Overdue	信用額度 Credit Limit

信用額度超過原因 Over-Credit Limit Resons
業務代表意見：S.R.Comments
業務經理意見：S.M.Comments
信用部意見：Credit Dept.Comments
財務長意見：CFO Comments

第六章　財務風險管理

想像力是創新的泉源
創造力是創新的展現
　　　　　——Lawton Yeh

前言

　　企業財務風險（Financial Risk）主要分為會計、金融、稅務、結構、價值等方面的風險。而如何透過會計、金融、稅務、結構、價值等方面的風險管理，使企業經營決策者能藉著正確的財務資訊，有效掌控財務上流動資產與流動負債的型態、比率與結構，使營運資金（Working Capital）能穩健、有效的分配於各項經營與投資活動中，以創造企業股東利潤達到最高經營績效，實乃攸關公司整體發展的關鍵。

　　通常企業資產規模的大小，會影響財務風險管理的模式。而不論運用何種管理模式，對於資金週轉缺口的掌握及內部或外部融資比率〔（營運上應付項目淨額＋融資現金流入量）／現金流入量總額〕的資金風險管理，不可不慎。因一但管理上發生疏忽或錯誤，輕者侵蝕企業原有的利潤；嚴重者，將衍生企業財務危機。茲就會計、金融、稅務等的風險管理於以下各節分述之。

會計風險管理

根據美國會計學會（AAA）的定義，會計是一種對經濟資訊的認定、衡量、溝通的程序，並協助財務資訊使用者做決策之用。另美國會計師協會（AICPA）則認為，會計是屬服務性的活動，在於提供相關經濟個體之量化資訊，以便財務資訊使用者，能在各種行動方案中，作一明智的抉擇。換句話說，會計是以提供企業精確財務資訊為主要目的。

也由於會計所涉及的層面及對象廣泛，且其資訊對企業經營者、股東或投資人的影響甚鉅。故會計的準則與制度，不論企業已公開上市與否，應儘可能朝著與國際接軌及會計資訊透明化等目標來發展。為達到企業的會計準則與制度和國際接軌，及會計資訊透明化的目標，本章在此將企業的會計風險管理，從會計資訊風險管理、會計方法風險管理及會計資金流動風險管理等來舉例，特概述如下。

會計資訊管理

會計資訊可分為成本會計、管理會計、財務會計等資訊（圖 6.1）。企業的經營管理決策中，會計資訊是營運資金（Working Capital）運用決策的重要依據，故會計資訊的客觀性及真實性，往往是企業財會主管、經營者和股東間利益衝突是否發生的風險因子。任一方皆可能為圖利或保護本身權益而故意或被迫提供不實的資訊與他方。因此會計資訊的

風險管理，主要為針對與企業營運有關的現金流量表、資產負債表、損益表及股東權益變動表等各項會計資訊與報告，作互相的比較、分析，並查核其間關係的客觀性及真實性。管理的首要重點，即為迴避不實揭露的行為，例如：虛增營收；或透過利息或其他成本的資本化、延長資產的折舊或攤銷年限等來虛減費用；虛增應收帳款、存貨以及長期投資等之資產；虛減或有負債（contingent liabilities）、衍生性金融商品（derivatives）、其他承諾（covenants）等之負債，及控制因疏失而有錯誤的、缺漏的會計資訊揭露風險情形發生。

　　另外要注意的是，因為傳統的會計資訊係針對實體經濟的特性而呈現，但現代知識經濟的無形體經濟特性，許多企業的營運重要資產往往是策略技術、專利、商標、著作權等無形的資產（intangible assets），此一資產價值通常在會計資訊報表中為隱藏之價值無法被合理的表達。故會計資訊的風險管理上，為免受傳統會計資訊表達方式的侷限，建議應一併考量無形資產的價值，方不致以偏概全。而無形資產的價值可以相關政府認可的專業鑑價機構之鑑價報告做為參考依據。

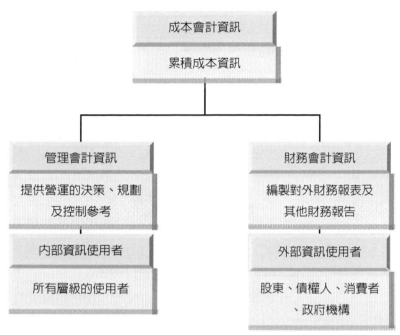

圖 6.1　會計資訊

會計方法管理

　　基於會計方法的多樣化及可選擇性，因此會計方法的風險管理，主要著重在會計方法的適法性與正當性選擇的管理，例如新型態交易事項之會計處理是否符合相關法令規定與一般公認會計原則（比如網站間互登廣告，進行廣告交換等非貨幣性交易），其應用是否具適法性。又例如存貨的評價方法、資產負債表外交易（Off-balance sheet transactions）費用或營收數字等是否具正當性。固定資產本期折舊提列的正當

性如何、股東權益（包括股本、資本公積與保留盈餘）之變動是否具適法性、息稅攤折前利益（EBITDA）的正當性。關係企業間的業務交易移轉訂價，是否不適用於移轉訂價法規等。

營運資金管理

　　營運資金管理，主要為資金流動管理，例如現金（一般指零用金、現金、銀行帳戶存款）的用途是否適當。資產負債表日（截至某一特定日之企業所有資產、負債、股東權益三部分狀況的報告）所有之應收款項及預付款項的比例是否恰當。又例如收益支出（支出利益僅及於發生當期者）與資本支出（支出結果可得到長期效益者）比例是否合宜。應收付關係人及員工款項是否已作及時收付處理，並對關係人交易做必要的揭露。

　　又或者現金流量結構（單項現金流（入）出量／現金流入量總額）的循環是否具穩定性，費用的核覆流程是否過於繁複造成企業各項流程運作效率的降低。預算的規劃上，是否因成本控制的過當，致費用雖大幅降低，但卻使企業失去具前瞻性及綜觀性的獲利機會。在資金的籌募上，外部舉債的方式不論是透過資本市場或貨幣市場的融資，例如發行股票、可轉換公司債（Convertible bond）、存託憑證（Depository receipt）、浮動利率債券（Floating rate note）等取得資金，或透過高收益債券（High-yield bond）、商業本票保證（Note issuance facility）、聯貸等，其價格、利率或利息波動性是否為企業財務所能承受等，皆是須要注意管理的事項。有關企

業營運資金的流動關係，讀者可參考圖 6.3 企業營運資金循環圖，其引用哲理為易經之鼎卦。

案例　×××蓋精品城　瞄準新竹

2012.12.07　經濟日報

　　×××集團投資開發並營運宜蘭最大購物中心××廣場，在二線城市經營精品暢貨中心已有成效，計劃將觸角由東部延伸到西部，首個投資案落腳新竹，投資金額估計約達百億元規模，最快 2014 年開幕。×××集團為充實營運資金，日前取得由兆豐銀行統籌主辦、安泰銀行共同主辦宜蘭××廣場暨××酒店 42 億元銀行聯貸案。

　　××集團董事長表示，聯貸案資金將用於償還原有銀行貸款，並支應集團未來發展，新竹開發案進度目前已到最後階段，若能順利簽約，最快 2 年後完工。×××同時也已在桃園、竹北等區域尋找開發機會。宜蘭××廣場由×××公司投資 62 億元，占地 7，200 坪，總樓地板面積 4.2 萬坪，營業面積是台北微風廣場 2 倍大，2008 年開始營運，是東台灣最大的購物中心，也是國內首個結合過季商品購物中心、五星級飯店、量販店、餐廳、書店的綜合開發案。

金融風險管理

　　金融風險為所有企業要共同面對的連續性風險。其通常指外匯市場交易風險，及外匯或貨幣市場操作的匯兌風險或匯兌

成本性風險。而所謂匯兌風險,指的是一國的本國貨幣無法透過中央金融機構兌換外國貨幣的風險,例如在亞洲金融風暴時,馬來西亞宣佈管制外匯,致馬幣無法兌換成其他外國貨幣。匯兌的成本性風險,則是指因匯率變動時,匯兌利益或損失所產生的風險。當金融市場的匯率、利率等價格有波動時,匯率、利率等的波動就是企業在金融市場的風險因子。企業暴露在匯率、利率等波動風險的環境中,如何能避免或降低因此產生的直接或間接損失,就是企業金融風險要管理的重點。

案例　備抵呆帳新標準　影響銀行獲利

　　主管機關察出備抵呆帳占總放款不得低於 1%新監理措施,×投顧估計,對銀行業獲利不小影響,其中,以××金控旗下××銀行每股獲利影響數達 0.54 元。

　　×投顧表示,雖然目前本國銀行資產品質優異,截至 7月底,整體逾放比 0.46%,備抵呆帳覆蓋率 213%,但是備抵呆帳占總放款卻約 0.99%,有約 20 家銀行低於平均數,在中國大陸預定明年達到銀行備抵呆帳占總放款 2.5%、國際性銀行要求備抵呆帳占總放款 2%的背景下,主管機關要求可強化個別銀行未來面臨景氣循環的能力。

2011/09　中央社

　　有些企業在本業經營之外,會利用各種法律、租稅的架構規劃進行業外投資,例如在第三地設投資公司或利用財務

槓桿等方式，將企業之資金或資本市場上所募集之資金進行移轉。其最大的風險，在於當企業持有超過本身財務上所能夠承擔的轉投資部位時，因投資行為的不透明，在未能得到有效的風險管理下，一旦金融市場的利率、匯率等巨幅震盪，使其持有部位價值縮減而造成資金缺口時，便易造成企業資金調度週轉困難而發生財務危機。茲將企業金融風險管理重點概述如下：

利率風險的管理

　　利率變動為連續性的風險，其所直接影響到的為企業的利息收入、利息支出，及企業現金收支等成本。利率風險的來源除市場利率的變動性外，尚包括來自企業本身資產及負債的組合比例是否適當，及企業收入來源的穩定度等。因此，企業依其資金需求狀況選擇合適的利率避險方式組合，是利率風險管理的首要工作。而目前一般常見的利率避險方式主要為遠期利率協議（FRA）及換匯換利交易（Cross Currency Swap）兩種。茲介紹如下：

1. 遠期利率協議

　　企業透過購入遠期利率協議（FRA）鎖定利率水準以規避利率風險，企業除可避免因利率上漲所可能增加的資金借入成本外，還可避免因利率下跌所導致投資收入降低之風險，而企業亦可透過賣出 FRA 的方式加以避險。此外，企業尚可在市場利率與公司預測方向背離將遭受損失時，透過

FRA 交易使利率確定（即契約利率）以免除利率不確定的
風險。

2. 換匯換利交易

互換（Swap），是交易雙方依據預先簽訂的互換協議，
將雙方的權利義務先作約定，並在未來的一段期間內，互相
交換本金、利息、價差等的交易。因此，互換可視為遠期合
約的組合。故換匯換利交易（Cross Currency Swap），乃兩種
不同幣別間本金與利息的交換，雙方約定條件與期間，相互
交換不同貨幣的本金及本金所產生的利息支出。一般利息交
換方式如下：

(1) 固定利息與浮動利息的交換

(2) 浮動利息與浮動利息的交換

(3) 固定利息與固定利息的交換

案例：央行定存單利率　創 2 年新低

　　中央銀行今天標售新台幣 1000 億元的 364 天期定存單
（NCD），利率持續下滑，得標利率 0.730%，創下 2 年來新
低。債券交易員表示，全球景氣放緩，美國、歐洲及日本等
主要國家均維持極低利率水準，市場游資多，央行定存單是
相對安全標的，在金融業競標下，定存單得標利率持續下滑。
央行今天標售 1000 億元的 364 天期定存單，吸引 3226.25
億元資金投標，投標倍數約 3.23 倍，低於前次的 3.57 倍，
得標加權平均利率 0.730%，低於前次（11 月 2 日）標售的

同天期定存單利率 0.758%，創下 2011 年 1 月以來新低。

　　央行 364 天期定存單得標加權平均利率，自去年 8 月上升至 1.054%高點後，隨著央行維持利率不變、歐債危機升高，歐洲、美國、日本等國持續寬鬆的貨幣政策，NCD 得標利率持續下滑。央行標售 1000 億元定存單為到期續發，發行定存單收回資金的效果，等同調高存款準備率。自民國 99 年 4 月至 101 年 12 月連續標售 364 天期定存單，總餘額 1 兆 2000 億元，效果相當於調升存款準備率約 4.5 個百分點。

2012/12/07　中央社

匯率風險管理

　　在 1997 年 7 月初，泰國放棄泰銖與美元之間的連繫匯率的效應下，亞洲各國的企業皆面臨不同程度的匯率浮動風險的壓力。因此企業對匯率風險的評估，及如何進行有效的管理與避險，就成為企業重要的金融風險管理之課題。除此之外，宜一併考量有關外匯管制的問題及其相應的對策或措施。因為匯率變動會影響外幣資產或負債的價值，例如多國籍企業在許多國家間若有資金的流動，因國際外匯市場波動程度高，因此企業就應對各種幣別所產生的匯率差異進行管理，以降低匯率的風險。尤其以進出口商來說，其須直接以外幣交易的方式向國外廠商進貨或出貨，匯率差異的管理更需要謹慎。茲介紹一般常見的匯率避險方式如下：

1. 本金交割遠期外匯（Delivery Forward）

　　進出口企業從洽談定約到交貨結算期間內，若欲規避匯率風險，可透過事先向銀行敲定的固定交割匯率，以避免匯率的波動。

2. 貨幣市場換匯交易（Money Market Swap）

　　企業無需於視匯市場交易，只要透過換匯交易，即可將現有的貨幣轉換為另一種目前需求之幣別的貨幣，並事先約定好未來再換回之匯率。如此企業不但可免除匯率風險，更能將之做為一種資金調度及拆借短期資金的工具。

3. 外匯選擇權（Foeign Exchange Option）

　　外匯選擇權是以外匯為標的之衍生性金融商品，企業在支付權利金購買選擇權商品後，將匯率成本固定在一定水準上，以避免匯率不利於企業時所產生的損失，但若當匯率變動在有利於企業的部位時，則企業可選擇放棄執行該選擇權之權利，而於現貨市場直接買進。

　　茲將匯率常用術語解釋如下：

(1) Spot Rate：即期外匯匯率。

(2) Outright Forward：指定到期日之遠期外匯。

(3) Premium：升水或權利金（選擇權買賣之價格）。

(4) Discount：貼水。

(5) Swap Points：換匯點，即兩種幣別之利率差價。

(6) Swap Points Option Period：客戶與銀行約定某期間可執行交割之選擇。

案例：××獲利　要看日圓臉色

　　在世界級造船能力的支撐下，××公司的造船檔期已排至 2013 年，未來 2 年訂單無虞。但××公司董事長仍然難掩憂慮，因今年下半年到明年，最大獲利殺手恐將是升升不息的日圓。董事長表示，××公司與×××公司在 2007 年簽訂造船合約，船隻的部分設備對方指定使用日本貨，當時 1 日圓兌新台幣 0.28 元。他說，但對方延後交船，以今天 1 日圓兌新台幣 0.35 元來看，匯兌損失擴大，十分不利××公司的獲利。換言之，日圓何時貶值、貶值幅度有多少，牽動××公司今年下半年及明年的獲利空間。

2011/07　中央社

模型風險管理

　　模型風險（Model risk）的管理，主要是企業對原物料期貨、選擇權等衍生性金融商品，在定價過程中對估價的公式、應用及參數之決定的風險管理。例如企業購買認購權證，付出權利金（Premium），取得一個權利，可以在未來一定期間執行（Exercise），就購買認購權證的企業而言，可能發生最大損失的風險，就是購買權證標的股票價格未能達到履約價時，權證失效無法履約所支出的成本。選擇權依履約（Strike）期限可分歐式選擇權（European Option）及美式選擇權（American Option）。交易型態則區分為購入買權（Call Option）、購入賣權（Put Option）、賣出買權（Sell Call）、賣出賣權（Sell Put）。常用術語解釋如下：

1. 歐式選擇權（European Option）：選擇權之賣方只能於契約到期當日執行其權利。

2. 美式選擇權（American Option）：選擇權之買方可於契約到期日前之任一天執行權利。

3. 買權（Call Option）：買入約定價格的標的物。

4. 賣權（Put Option）：賣出約定價格的標的物。

案例：債務憂慮　美股重挫

(1) 美領先指標連二揚，預告下半年景氣持續擴張：

預估 3Q、4Q GDP 成長 3.2%、3.5%，優於 1Q、2Q 的 1.9%、2.1%；房市方面，雖 6 月成屋銷售 mom-0.3% 至 477 萬棟，連 3 降，然 6 月新屋開工 mom 大增 14.6% 至 624 萬棟，營建許可 mom+2.5%至 62.4 萬棟，連二揚。

(2) 美股 2Q 財報，74.3%優於預期，獲利成長 15%：截至 7/22 有 148 家 S&P500 企業公布季報，74.3%（110 家）優於預期，獲利成長由 7 月初的 12%上調至 14.96%；本週 7/28 Exxon Mobil、DuPont、Moto，7/29 Merck、Chevron 等將公布季報。

(3) 救希臘、穩歐元，歐盟與民間攜手金援希臘 1590 億歐元：歐元區領袖 7/21 在布魯塞爾臨時峰會達成二次紓困希臘與擴大 EFSF 功能的協議，內容主要如下：

　（a）同意 2 次金援希臘 1090 億歐元。

　（b）歐洲金融穩定基金（EFSF）予以希臘、葡萄牙、愛爾蘭的貸款利率將由 4.5%～5.8%降至 3.5%，貸款

期限從 7.5 年延長至 15～30 年。
（c）民間債權人參與紓困希臘規模 500 億歐元。
（d）EFSF 主動提供歐元區國家援助，在次級市場買進
　　公債，幫助歐元區銀行增資。
(4)油價：昨日西德州原油下跌 2.20%至$97.40。

2011/07　中央社

稅務風險管理

　　稅法不似會計準則般與國際規定大致相符，每個投資地
國家的稅務法令之複雜，常令企業難以捉摸和適應，而且一
旦稅法改變或解釋上有所不同時，將相對使交易成本提高而
影響到企業的資金運作。故企業在面對所處投資地的稅法
時，首先必須確切瞭解其違規、違法事項的風險邊際所在，
如此在應稅收入抵減及租稅套利等規劃上，才能真正合法省
下稅金成為企業淨所得之增值。

　　一般租稅的課徵標準，通常是以稅率來表示。常見的稅
率可分為定額稅率、比例稅率和累進稅率三種，累進稅率是
隨課稅金額或數量的多寡決定稅率的高低。課稅金額或數量
愈大，稅率就愈高，稅的負擔就愈重；相反的，課稅金額或
數量愈小，稅率就愈低，稅的負擔就愈輕。在企業稅務風險
管理上，須注意下列事項：

租稅罰則風險管理

有關租稅法的解釋原則，各國雖然不盡相同，但原則上不外乎先考量交易或行為的法律面，然後再對交易或行為本身的實質形式面做進一步的審查，亦即在不違反法律禁止規定下，透過合法的方式進行租稅規劃。例如大陸稅法規定，增值稅專用發票的開票方必須是事實上銷售貨物者，而接受所開具的增值稅專用發票方必須是購買貨物者，違反此規定即有被認定為是偷（逃）稅的可能。因此在大陸的企業如果取得假發票，為避免遭受處罰，應先取消該筆交易，然後將假發票交給當地稅務機關處理。

故在探究任何交易或行為是否構成課稅要件時，不可僅以其外觀之法律形式或架構來加以判斷，更重要的，還須就其交易或行為的實質面與稅務機關審查面來考量以迴避罰則，以免讓企業曝露在繳交巨額罰金及偷（逃）稅的刑責風險下。

租稅組合規劃

租稅組合的規劃，首重實質控制權的流程設計，其應隨企業本身的差異性而有不同的組合方式。例如可利用資金借貸所產生之利息費用來抵減稅額，並同時利用所借得之資金投資於免稅之投資項目以獲取免稅所得；或將營利事業所得稅規定可列為公司的費用項目（例如員工團體保險）列出，以達到為企業節稅的效果；或者以分割方式進行租稅優惠的抵減。又例如企業為了能讓利潤盈餘保留不被課稅以進行轉

投資，而將盈餘保留在免稅或低稅率國家地區的境外控股公司（Offshore Holding Company），此方式除能夠節稅外，同時亦可使母公司獲利所得能延緩課稅。

又如企業預估明年將可能有大額的訴訟和解或其他索賠金額須支付時，為避免屆時因賠償支出影響企業的獲利，若與投資地稅法認列條件的規定符合，可將相當於訴訟和解或其他索賠的金額，以等值非現金資產轉入公司所設立的解決爭議的信託基金，如此就可以在未賠償支付完成前，即進行課稅所得扣除的費用認列。又如進出口關稅條例規定貨品課稅的完稅價格，除用到岸價格為基礎外，尚需加上保險與運、雜費後，方能以該價格之相關稅率計算關稅後繳稅，則保險及運、雜費即是該租稅組合規劃之重要關鍵。

移轉訂價政策建立

所得稅法規定，企業與國內外其他營利事業具有從屬關係，或直接、間接為另一事業所有或控制，其相互間有關收益、成本、費用與損益之攤計，如有以不合營業常規之安排，規避或減少納稅義務者，稽徵機關為正確計算該事業之所得額，得報經財政部核准按營業常規予以調整。而企業為配合稅捐機關上述移轉訂價的查核，往往需耗費相當大的成本來準備有關的資料與數據。

例如在上海、深圳、廣州等重點城市的企業，稅務部門每年會選定企業進行關聯企業查稅，查稅時間往往長達數個月之久，致企業在過程中必須花費許多的時間與人力成本來

配合提供稅務人員相關資料，過程中同時亦使企業曝露在不確定的稅務風險中。對此，企業可考量與稅務機關用預先訂價協議方式來確定租稅金額，以免除配合稅捐機關查核所需花費的時間與人力成本。

因此企業有必要預先建立合宜的關係企業間與非關係企業間交易的移轉訂價政策，以避免有不合營業常規之情況發生。例如企業在大陸可與稅務機關簽立「預約定價」（APA），即企業與稅務機關協商所涉及的關聯交易、期間、訂價原則、計算方法、假設條件等的給付金額，以降低企業稅務風險。另外，由於專利、未登記專利之技術、配方、商標、特許執照、版權、客戶名單等價值常常為企業所忽略，當有轉讓與授權使用情形而被稽查時，企業將因此補繳稅金，故對此亦應妥善預為規劃與處理。

結構風險管理

結構風險，可以從人力、技術、資金與時間等面向進行管理。例如公司看好投資地之內需市場，欲將營運目標重點由工廠轉型為市場通路商，這時如何將上游的製造、設計、研發，到下游的客戶服務、產品服務到終端產品的販售等，從人力、技術、資金與時間面所形成的結構進行深層化的垂直整合，就攸關企業轉型後是否仍具有競爭優勢。

結構風險的時間維度上，可參考 Fibonacci sequence，它源起於 1202 年義大利商人李奧納多以「費波南茲」為筆名，

寫了一本「算盤書」，引進了阿拉伯符號及代數。他所發現的數列 1、1、2、3、5、8、13、21、34、55、89……等時間數字。自第三項開始，後項是前兩項之和。而後項除以前項（1/1、2/1、3/2、8/5、13/8、34/21、55/34）……，比值會愈來愈接近 1.618，這就是數學家所說的「黃金比例」，當把一條線切成長短兩條線，讓長線與短線之比約為 0.618 比 0.382，這種切割方式也叫「黃金分割」。

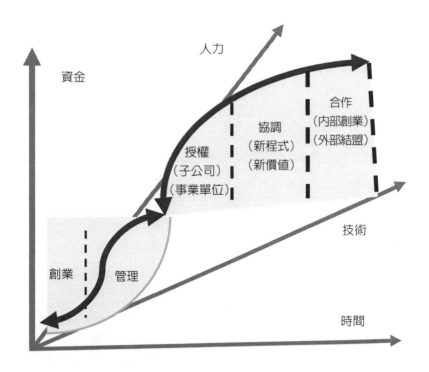

圖 6.2　結構風險面向

案例：擴闊產業制造更多優質職位

八十、九十年代本港經濟起飛，可歸功於金融及地產雙頭馬車。但與此同時，亦漸漸形成經濟發展過分側重有關行業的困局。有立法會議員認為，本港一直欠缺高質素人才，政府應趁擴闊本港產業多樣性的契機，制造更多「優質職位」，為年輕人提供向上流動的階梯。

六大產業講多過做

七十年代本港工業蓬勃，不少 50 後及 60 後，當時是「工廠妹」或自行開設「山寨廠」，靠一雙手置富脫貧。至八十年代，製造業衰落，過去廿多年經濟側重金融業和地產業，不少勞動階層陷入被社會淘汰的危機，間接製造了跨代貧窮、家族貧窮不斷循環的問題，新一代難以透過工作向上流動。發展多元化產業，才能創造更多優質就業機會，不單能保就業，也能促進向上流動。本港職位多的是，惟不少職位「有工無人做」，因此建議當局除改變產業結構外，亦應大力培訓人才，讓更多人投身專業人士行列，造就勞工人口向上流動。

資訊科技業仍存在人力資源錯配問題，業界向外求人才勉強解決「IT 人才荒」問題。有資訊科技業界人士指，大學院校甚少與業界接觸，令業界難以向大學生招手，為解決 IT 行業人手問題，業界唯有多走一步，親自前往大學舉辦講座，向年輕人講解加入資訊科技的好處，才幸運地覓得知音人。

2012 年 11 月 26 日　香港商報

價值風險管理

毛利項目價值

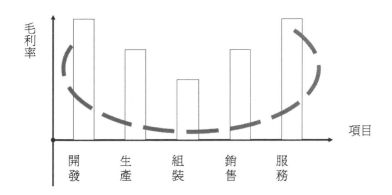

營運資金價值

卦辭　鼎，元吉亨。
彖曰　鼎，象也。以木巽火，亨飪也。聖人亨以享上帝，而大亨以養
　　　聖賢。巽而耳目聰明，柔進而上行，得中而應乎剛，是以元亨。

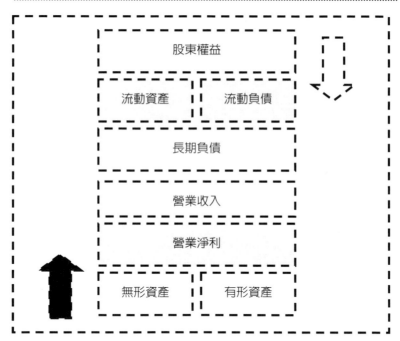

圖 6.3　企業營運資金循環圖

營業附加價值

　　營業附加價值主要為經營項目所產出的附加價值。瞭解公司所營業項目競爭力，有助於調整生產或營業產品或項目。公式如下：

> 附加價值＝用人費＋稅後利潤＋利息費用＋租金費用＋折舊＋一般稅捐＋營所稅

> 營業附加價值％＝附加價值／平均資產總值

案例　台灣品牌致命傷　×××：附加價值提升不夠

　　×碁、×達電等台灣較具國際知名度的電子大廠皆由代工起家，進而轉型品牌，然而，近期利空卻接連蹦出，讓人不禁要問台灣品牌到底問題出在哪？對此，××證券協理×××認為，台灣電子產業無法提升附加價值、缺乏破壞性創新為最大致命傷。×××指出，台灣雖努力走向品牌之路，不過就筆電來看，台灣筆電代工占全球比重超過 90％，顯見台灣電子產業發展仍以毛利較低的代工為主，即使就品牌來看，×達電毛利表現也相對競爭對手來得低，且公司規模以及市占率也都無法與蘋果及三星相比擬。

　　而×達電去年在機海戰術奏效下，市占率明顯提升，然而，今年改走單一系列，面對競爭對手蘋果及三星的雙重夾擊，市占率的提升則面臨了瓶頸；同樣的情況也出現在筆電

雙雄×碁、×碩上，雖然雙 A 品牌國際知名度高，不過，若將品牌換算為營業利益或毛利率來看，表現仍相較一般電子產業偏低。

此外，相較國際大廠，台灣電子廠破壞性創新能力也偏弱，因此，與國際大廠進行專利戰時，台廠贏面則較低，通常都落入較弱勢的局面。也因此，×××表示，台灣電子產業不管從事代工或品牌在無法有效提升附加價值，以及缺乏破壞性創新下，台灣產業結構問題也將由此而生。

ETtoday 財經新聞　2012 年 08 月 21 日

會計科目價值

會計科目	英文	備註
資產	Assets	
流動資產	Current Assets	
現金	Cash	
銀行存款	Deposit in bank	
零用金	Petty cash	
在途現金	Cash in transit	
短期投資	Short-term investments	
備抵證券損失	Allowance for loss on securities	
應收票據	Notes receivable	
應收票據貼現	Notes receivable discounted	
應收帳款	Accounts receivable	
備抵呆帳－應收帳款	Allowance for bad debts-Accounts receivable	
應計分期結算帳款	Accrued installments receivable	
應收退稅款	Drawback tax receivable	

會計科目	英文	備註
應收收益	Accrued income	
其他應收款	Other receivable	
存貨	Inventory	
原料	Raw materials	
物料	Supplies	
在途材料	materials and Supplies in transit	
在製品	Goods in process	
半成品	Semi-finished goods	
製成品	Finished goods	
副產品	By-products	
在途貨品	Goods in transit	
未分配材料運雜費	Unapportioned freight and other expenses	
預付定金	Down payment	
短期墊款	Temporary advances	
預付費用	Prepaid expenses	
基金與長期投資	Fund and long-term investment	
償債基金	Sinking fund	
改良及擴展基金	Improvement and extension fund	
專案計劃基金	Special project funds	
企業投資	Investment in enterprise	
證券投資	Investment in securities	
不動產投資	Investments-real estate	
應收分期帳款	Installment receivable	
備抵呆帳 －應收分期帳款	Allowance for bad debts -installment receivable	
長期墊款	Long-term advances	
固定資產	Fixed assets	
土地	Land	
房屋及建築	Building and structures	

會計科目	英文	備註
累計折舊－房屋及建築	Accumulated depreciation- Building and structures	
機械設備	Machinery equipment	
累計折舊－機械設備	Accumulated depreciation- Machinery equipment	
交通及運輸設備	Transportation and communication facilities	
累計折舊－交通及運輸設備	Accumulated depreciation- Transportation and communication facilities	
未完工程	Construction work in process	
在途機件	Machinery in transit	
遞耗資產	Depletable assets	
礦產	Mine resources	
累計折耗－礦產	Accumulated depletion- Mine resources	
遞延費用	Deferred expenses	
開辦費	Organization expenses	
研究勘查費用	Research surveying and exploration expenses	
公司債發行費用	Bonds issuing expenses	
租賃權益	Leaseholds	
技術合作費	Technical cooperation expenses	
無形資產	Intangible assets	
商譽	Goodwill	
商標權	Trade-marks	
專利權	Patents	
特許權	Franchise	
其他資產	Other assets	
存出保證金	Guarantee deposits	
存出保證品	Guarantee effects paid	
內部往來	Inter-office accounts	
負債	Liabilities	

會計科目	英文	備註
流動負債	Current liabilities	
銀行透支	Bank overdraft	
短期借款	Short-term loans	
應付票據	Notes payable	
應付帳款	Accounts payable	
應付費用	Accrued expenses	
應付所得稅	Income tax payable	
應付股利	Dividends payable	
代收款	Collection for customers	
其他應付款	Other payable	
預收收益	Income collected in advances	
長期負債	Long-term liabilities	
應付債券	Bonds payable	
債券溢價	Premium on bonds payable	
債券折價	Discount on bonds payable	
長期借款	Long-term loans payable	
應付分期付款	Installment payable	
遞延貸項	Deferred credits	
遞延收益	Deferred revenue	
其他負債	Other liabilities	
存入保證金	Guarantee deposits received	
存入保證品	Guarantee effects received	
營業及負債準備	Operation and liabilities reserve	
員工退休金準備	Reserve for retirement plan	
業主權益	Owner's equities	
資本	Capital	
股本	Capital stock	
未收股本	Subscribed Capital receivable	
公積及盈餘	Retained earnings	

會計科目	英文	備註
資本公積	Capital surplus	
法定公積	Legal surplus	
特別公積	Appropriated surplus	
累積盈虧	Accumulated profit and loss	
本期損益	Profit and loss for current period	
收入	Revenues	
營業收入	Operating Revenues	
銷貨收入	Sales	
銷貨退回及折讓	Sales returns and allowances	
銷貨折扣	Sales discount	
勞務收入	Revenue from service rendered	
其他營業收入	Other operating Revenues	
營業外收入	Non-Operating Revenues	
利息收入	Interest earned	
租金收入	Rental earned	
佣金收入	Commission earned	
投資收益	Investment earned	
匯兌利益	Gain on exchange	
存貨盤盈	Overage on inventory taking	
出售資產利益	Gain on sale of assets	
其他收入	Other income	
支出	Expenses	
營業支出	Operating Expenses	
進貨	Purchases	
進貨退回及折讓	Purchases returns and allowances	
進貨折扣	Purchases discounts	
進貨運費	Transportation-in	
銷貨成本	Cost of goods sold	
直接人工	Direct labor	

會計科目	英文	備註
製造費用	Overhead	
已分配製造費用	Overhead distributed	
勞務成本	Cost of services rendered	
其他營業成本	Cost of other Operating revenues	
推銷費用	Selling Expenses	
總務及管理費用	General and administrative Expenses	
營業外支出	Non-operating expenses	
利息支出	Interest expenses	
投資損失	Investment losses	
滙兌損失	Loss on exchange	
存資盤虧	Shortage on inventory taking	
出售資產損失	Loss on sales of assets	
存貨跌價損失	Loss on inventory valuation	
其他營外支出及損失	Other Non-operating expenses and losses	
所得稅	Income taxes	
本年度盈餘	Net income for the year	
本期虧損	Net loss for the year	
股利	Dividends	
紅利	Bonus	
未分配盈餘	Unappropriated retained earnings	

統計分析價值

統計學	Statistics
因子	Elements
觀察值	Observation
變數	Variable
母體	Population
樣本	Sample
質化資料	Qualitative data
量化資料	Quantitative data
資料分析	Data analysis
統計表	Statistical table
統計圖	Statistical chart
圓餅圖	Pie chart
莖葉圖	Stem-and-leaf display
盒鬚圖	Box plot
直方圖	Histogram
長條圖	Bar Chart
次數多邊圖	Polygon
肩形圖	Ogive
累積次數分布	Cumulative frequency distribution
累積相對次數分布	Cumulative relative frequency distribution
累積百分次數分布	Cumulative percent frequency distribution
敘述統計學	Descriptive statistics
平均數	Mean
中位數	Median
加權平均	Weighted mean
眾數	Mode

變異數	Variance
標準差	Standard deviation
共變異數矩陣	Covariance matrix
四分位	Quartiles
四分位距	Interquartile range (IQR)
百分位	Percentile
百分次數分布	Percent frequency distribution
柴比雪夫定理	Chebyshev's theorem
變異係數	Coefficient of variation
相關係數	Correlation coefficient
交叉列表	Cross table
共變異數	Covariance
經驗法則	Empirical rule
探索性資料分析	Exploratory data analysis
次數分布	Frequency distribution
群組資料	Grouped data
離群值	Outlier
全距	Range
相對次數分布	Relative frequency distribution
貝氏定理	Bayes' theorem
二項式實驗	Binomial experiment
機率	Probability
古典機率法	Classical method
樣本空間	Sample space
樣本點	Sample point
事件	Event
期望值	Expectation
實驗	Experiment

A 的補集	Complement of event A
A 與 B 的交集	Interaction of A and B
A 與 B 的聯集	Union of events A and B
事後機率	Posterior probabilities
事前機率	Prior probabilities
獨立事件	Independent events
不相交事件	Mutually exclusive events
條件機率	Conditional probability
相對次數法	Relative frequency method
樹形圖	Tree diagram
變異數（隨機變數）	Variance (random variable)
標準差（隨機變數）	Standard deviation (random variable)
Venn 圖表	Venn diagram
推論統計學	Inferential statistics
點估計	Point estimation
區間估計	Interval estimation
信賴區間	Confidence interval
信賴係數	Confidence coefficient
信賴水準	Confidence level
區間估計	Interval estimate
顯著水準	Level of significance (confidence interval)
邊際誤差	Margin of error
t 分布	t distribution
統計假設檢定	Testing statistical hypothesis
對立假設	Alternative hypothesis
關鍵值	Critical value
虛無假設	Null hypothesis
單邊檢定	One-tailed test

雙邊檢定	Two-tailed test
P 值	p-value
型 I 誤差	Type I error
型 II 誤差	Type II error
列聯表	Contingency table
獨立樣本	Independent samples
成對樣本	Matched samples
抽樣調查	Sampling survey
中央極限定理	Central limit theorem
有限母體	Finite population
無窮母體	Infinite population
普查	Census
抽樣	Sampling
抽樣分布	Sampling distribution
信度	Reliability
效度	Validity
不可置換抽樣	Sampling without replacement
可置換抽樣	Sampling with replacement
抽樣誤差	Sampling error
非抽樣誤差	Non-sampling error
隨機抽樣	Random sampling
簡單隨機抽樣法	Simple random sampling
分層抽樣法	Stratified sampling
群集抽樣法	Cluster sampling
系統抽樣法	Systematic sampling
兩段隨機抽樣法	Two-stage random sampling
便利抽樣	Convenience sampling
配額抽樣	Quota sampling

雪球抽樣	Snowball sampling
標準誤	Standard error
無母數統計	Nonparametric statistics
等級檢定	The sign test
Spearman 等級相關檢定	Spearmann's rank correlation test
魏克森訊號等級檢定	Wilcoxon signed rank tests
魏克森等級和檢定	Wilcoxon rank sum tests
Mann-Witeney 檢定	Mann-Witeney tests
Kruskal-Wallis 檢定	Kruskal-Wallis tests
連檢定法	Run test
機率密度函數	Probability density function
機率分布	Probability distribution
機率函數	Probability function
隨機變數	Random variable
離散隨機變數	Discrete random variable
離散的均勻密度	Discrete uniform densities
二項密度	Binomial densities
二項式機率分布	Binomial probability distribution
超幾何密度	Hypergeometric densities
超幾何分布	Hypergeometric probability distribution
波松密度	Poisson densities
波松機率分布	Poisson probability distribution
幾何密度	Geometric densities
負二項密度	Negative binomial densities
連續隨機變數	Continuous random variable
連續均勻密度	Continuous uniform densities
均勻機率分布	Uniform probability distribution (discrete)
常態密度	Normal densities

常態機率分布	Normal probability distribution
標準常態機率分布	Standard normal probability distribution
指數密度	Exponential densities
指數機率分布	Exponential probability distribution
伽瑪密度	Gamma densities
貝他密度	Beta densities
決定係數	Coefficient of determination
因變數	Dependent variable
自變數	Independent variable
最小平方法	Least squares method
均方誤差	Mean square error
預測信賴估計	Prediction interval estimate
迴歸分析	Regression analysis
殘差	Residual
簡單線性迴歸	Simple linear regression
多重迴歸	Multiple regression
變異數分析	Analysis of variance
變異數分析表	ANOVA table
多變量分析	Multivariate analysis
主因子分析	Principal components
區別分析	Discrimination analysis
群集分析	Cluster analysis
因素分析	Factor analysis
決策理論	Decision theory
羅吉斯迴歸	Logistic regression
存活分析	Survival analysis
時間序列資料	Time series data
時間序列分析	Time series analysis

線性模式	Linear models
品質工程	Quality engineering
機率論	Probability theory
統計計算	Statistical computing
統計推論	Statistical inference
隨機過程	Stochastic processes
決策理論	Decision theory
離散分析	Discrete analysis
數理統計	Mathematical statistics

第七章　法律風險管理

前言

　　由於現代市場經濟的多元性與多變性，法規亦隨之不斷配合新增與修正，因而構成的綿密法律規範，企業可能隨時因業務執行的疏忽或錯誤而違反法律規範，例如違反勞動基準法或勞工保險條例下的僱主責任規定；或產品的瑕疵違反食品衛生管理法及消費者保護法；或新產品侵害他人智慧財產權；或未依合同規定履行義務等，而遭受股東、同業競爭廠商或消費者向之提起訴訟，導致企業必須支付賠償、和解金額或訴訟費用。

　　企業遇到上述之問題，其結果除了履行損害賠償責任、支付和解金或訴訟費用外，尚包括商譽直接受損，財務方面輕則使企業的獲利減少，重者使企業因巨額索賠而破產。相同的，企業如果時常發生對其他人提起訴訟的行動，股東及投資人就會擔心企業的內部控管或管理團隊的商業決策是否出了問題，致使企業控訴案件頻繁。因此，企業若注重法律風險的管理，除可保護企業主免於法律訴追的風險，及大幅減少企業的損害賠償費用與訴訟費用外，更是企業對社會負責任形象的具體表現。

法律風險範疇

　　企業的法律風險管理範疇，依責任風險來分主要為退休金責任（Pension liabilities）、契約責任（Contractual liabilities）、訴訟責任（Litigation liabilities）、行政責任（Administrative liabilities）、保證責任（Guarantor liabilities）、產品責任（Product Liability）及公司治理責任（Corporate Goveranace Liability）等的風險管理。本章參照美國風險管理學者對於責任風險之定義，將企業法律風險的定義為：企業在決策實施過程中的違約、侵權或過失行為，導致第三人之體傷、死亡、財產損失、權益受損；或違反行政法規的強制規定時，企業及其相關負責人員須付出的代價。

　　形式上法律責任風險雖是純損的純粹風險，但因為其產生是來自企業組織、活動與環境間的互動，諸如科技，體制，社經的變化或是人為的主觀或客觀作為，故其雖為靜態，亦是動態之風險。本章在此對法律風險管理範疇則以民事、行政及刑事等責任來分類。企業在管理民事、行政及刑事等責任風險時，除了內部的管理外，平日亦應與外部各主要保險公司及律師保持往來聯繫，當發生索賠案時，由於雙方平常已經建立起良好的互信關係，將較有利於理賠的順利開展。

民事風險管理

　　企業民事責任的風險來源，主要為企業簽訂、同意或承諾任何形式之協議、聲明、保證、擔保、約定等的契約責任，或因侵權行為對特定或不特定第三人的損害賠償責任。例如台灣民法 188 條對公司的業務在拜訪客戶途中車禍肇事撞傷路人，則公司必須和該業務連帶負起損害賠償責任；又例如台灣的消費者保護法規定企業要負的是無過失責任，也就是消費者只須證明所受之損害是企業的產品所造成即可，且只要有損害發生，不管是製造商、經銷商，還是進出口商等，不論有無過失均應賠償消費者的損害。此與台灣民法規定被他人因故意或過失不法侵害權利時，受害人須舉證證明他人有故意或過失，方可請求損害賠償的過失責任是不同的。茲對民事責任的損害賠償責任及契約責任的風險管理分述於下。

損害賠償的風險移轉

　　目前保險公司針對醫師、律師、會計師，或企業董事、監察人、總裁、財務長等專業人員，因其專業服務或執行職務所衍生消費者或股東的損害索賠，提供責任險以供被保險人做損害賠償的風險移轉。例如董監事及重要職員責任保險（Directors and Officers Liability Insurance，簡稱 D & O），其目的是在保障公司的董監事或重要職員（亦可擴大至其他職

員）於執行職務時，因錯誤、疏忽、過失、義務違反、信託違背、不實或誤導性陳述等行為而被第三人提出賠償請求所引發的個人法律責任，由該保險單賠償董監事及重要職員因此所支出之調查費用、抗辯費用、和解及判決金額的損失。

又例如醫院醫師為移轉因執業過程中對病患的醫療作業失誤（Medical Malpractice）衍生的索賠風險，可投保「醫師業務責任保險」。其於保單承保範圍內將依法應負的損害賠償及訴訟費用等移轉到保險公司。對於開業的個人醫師而言，亦可投保「診所綜合責任保險」，除了承保醫師個人專業責任風險外，還包含診所的公共安全責任及受僱醫師及護士的專業責任風險。

另對於製造商及經銷商、零售商所生產或販售的產品，保險公司亦有提供產品責任險，產品責任保險承保範圍為保險公司對於被保險人因被保險產品之缺陷在保險期間內或追溯日之後發生意外事故，致第三人遭受身體傷害或財物損失，依法應由被保險人負損害賠償責任且在保險期間內受賠償請求時，保險公司在保險金額範圍內對被保險人負賠償之責。而「被保險產品」：係指經載明於保險契約，由被保險人設計、生產、飼養、製造、裝配、改裝、分裝、加工、處理、採購、經銷、輸入之產品，包括該產品之包裝及容器。「被保險產品之缺陷」係指被保險產品未達合理之安全期待，具有瑕疵、缺點或具有不可預料之傷害或毒氣性質，足以導致第三人身體傷害或財物損失者。

　　要說明的是，責任保險雖可移轉損害賠償的風險，但須注意有關不負賠償責任的除外事項附加條款，例如一般產險公司承保之酒類產品責任險，對因受酒類影響所致消費者急、慢性酒精中毒的身體傷害損失；因消費者受酒類影響而違反政府主管機關法令規定所致之損失；以及因所製造、生產、輸入、經銷之酒類產品被仿冒致第三人因酒所受傷害，及被保險人本身之商譽及財務損失等出險是不負賠償責任。

契約責任的風險管理

　　契約責任的風險管理重點，主要為當契約之任一方對其義務不履行時的風險管理，例如進口商不給付出口商貨款、機電維修商不依約提供技術勞務、經銷商遲延送貨、原廠貨品有瑕疵等。契約之任一方對其義務不履行時，企業直接作法為先進行商業協商，一般說來協商雖溫和而較無強制力，但對契約各方合作的商機影響性是最小的。協商仍無法達成共識時，於評估相關經濟成本等因素後，則應考量是否終止契約或以訴訟、仲裁（Arbitration）等的方式處理。契約可約定仲裁來排除法院管轄，例如大陸民事訴訟法規定，合同雙方當事人對糾紛自願達成書面仲裁協議，不得向人民法院起訴，而應向仲裁機構申請仲裁。

　　約定仲裁應約定仲裁機構、仲裁地（可選擇總公司所在地，分公司所在地或第三國）及仲裁規則，以免被認定為仲裁約定無效。目前可受理的國際性常設仲裁機構，有巴黎的國際商會仲裁院（ICCCA）、瑞典斯德哥爾摩高等仲裁院

（SCCCA）、華盛頓的解決投資爭端國際中心（ICSID）、瑞士日內瓦的世界知識產權組織仲裁中心（WIPOAC）；地區性常設仲裁機構則有美國仲裁協會（AAA）、香港仲裁中心（HKIAC）、中國經貿仲裁委員會（CIETAC）、新加坡國際仲裁中心（SIAC）。讀者可參考本章附錄二經銷合約範例，茲對契約責任的風險管理分述於下。

契約簽署風險的限縮

　　契約簽署的目的在於與他方合意內容的作為或不作為的實現，故任一方違反契約義務時，任一方當事人可於他方債務不履行時，向有責之他方主張擁有契約上的請求權，並要求應有的損害賠償與違約金或懲罰金的權利。由於契約內容的訂定影響企業責任風險甚鉅，因此契約的內容在訂定上除務求週延及有效履約能力的保障性外，應盡可能訂定任一方債務不履行時可以主張的權利內容及爭議解決方法，以限縮契約風險的範圍。

　　因此諸如契約代理權限之法律效力；契約的序文是否將契約訂約的緣由、目的、背景、共識等爭義清楚說明；契約的文字定義是否明確，以免日後因不同解釋方式引起爭議；交易標的的規格、質量與單價、數量是否明確，以免衍生後續的權利與義務問題。

　　交易條件的約定（例如國際貿易規則 FOB、CIF 等），於合約上是否已清楚註明雙方當事人皆同意在法律上受其強制性的拘束；或契約內容的機密保守範圍是否明確，與洩漏機

密資料的懲罰方式是否具有實質嚇阻作用；契約之終止或解除條款之約定，是雙方當事人一定期間以前通知對方即可終止，或必須要一方當事人有違反契約義務，他方當事人才可以行使終止權；再者為免於日後發生契約當事人對契約簽署真偽的爭議，簽約後可再藉由公證人、當事人律師等第三人的見證來免除此風險。

最後有關訴訟管轄的部分，例如在大陸的地域管轄一般為以原告就被告，即原告向被告所在地的人民法院提起訴訟；而被告所在地是指被告的住所地，但如被告長期離開住所地者，則以其經常居住地（台灣為居住地）之人民法院管轄。特殊地域管轄則係依訴訟的特殊性情況而在訴訟管轄制度上作出特殊的規定。如大陸民事訴訟法規定：因「合同糾紛」提起的訴訟，由「被告住所地」或者「合同履行地」之人民法院管轄。

又比如大陸民事訴訟法規定下述三類案件為「專屬管轄」：（1）因不動產糾紛提起的訴訟，由不動產所在地人民法院管轄；（2）因港口作業中發生糾紛提起的訴訟，由港口所在地人民法院管轄；（3）因遺產繼承糾紛提起的訴訟，由被繼承人死亡時住所地或者主要遺產所在地人民法院管轄。至於級別管轄目前大陸各省、各市規定不同，一定金額數目的案件可能由縣或區的基層法院受理，或由地級市的中級法院受理，或者由高級法院受理。須注意的是，當事人不能藉由約定來變更級別管轄的法律規定。

契約無擔保債權的追索

1. 催告債務人

債務人不履行債務時，債權人可先發催告函，而催告函內容上，須把要求債務人履行債務的意思及期限清楚寫出。例如台灣一般會到郵局辦理存證信函寄出，因為存證信函郵局會存留一份，將來進行訴訟程序時，可以此證明催告函的內容。除此功能之外，存證信函的內容，往往亦是影響訴訟成敗的關鍵。

2. 取得執行名義

所謂執行名義，是指可據以聲請法院強制執行的公文書，例如：確定之終局判決、假扣押、假處分、假執行之裁判、依民事訴訟法得為強制執行之裁判、和解或調解及依公證法規定得為強制執行之公證書等。而企業在執行名義取得方式上，可以本票裁定、支付命令、拍賣抵押物裁定或假扣押等方式取得。

由於民事訴訟判決耗費時間及成本過鉅，企業應多利用公證機關所賦與公證文書的強制執行效力。例如根據大陸最高人民法院、司法部 2000 年 9 月 21 日發佈的《關於公證機關賦予強制執行效力的債權文書執行有關問題的聯合通知》的規定，公證機關賦予強制執行效力的債權文書有：有關借款合同、借用合同、無財產擔保的租賃合同；賒欠貨物的債權文書；各種借據、欠單；還款（物）協定；以給付賠（補）

償金為內容的協定；符合賦予強制執行效力條件的其他債權
文書等。

因此在大陸的債權人，原則上只要憑公證機關簽發的原
公證書及執行證書，就可以向有管轄權的人民法院聲請執
行。人民法院接到聲請執行書，應當依法按規定程序辦理。
人民法院於必要時，亦可以向公證機關調閱公證卷宗，以利
案件執行。

3. 查調債務人資料

債務人的資料查調項目主要為戶籍地（或公司登記所在
地）、所得（或營收）與財產等資料。在戶籍資料的確認上，
可持利害關係證明（如：法院裁判、通知書或債權證明文件）
到各地戶政事務所申請債務人之戶籍謄本。查調公司登記資料
方面，則可填具公司抄錄申請書，並檢附利害關係證明文件，
依公司資本額大小，向經濟部商業司或直轄市建設局或經濟部
中部辦公室申請。蓋其常是法院管轄及文書送達的依據。

查調債務人所得（或營收）與財產資料方面，可憑執行
名義向國稅局申請查調資料。因國稅局所提供的資料，並非
一定是最新的資料，債務人財產可能已有所變動，但仍可以
此資料，向地政事務所申請最新的不動產登記簿謄本，或向
監理機關申請車籍資料。

4. 聲請強制執行

取得執行名義後，並確認債務人所得（或營收）與財產
相關資料後，即可至管轄法院提出強制執行聲請，而法院在

收受、審查後，會通知債權人（但不通知債務人）至標的物所在地進行查封。

而法院在查封及訂定標的物底價程序完成後，即會進行拍賣程序。而拍賣之標的物如最後無人應買時，法院執行處會作價交債權人承受，債權人如不承受，法院會撤銷查封，並將查封之標的物交還債務人結案，不再改期拍賣。惟須強調的是，如果您取得的執行名義是假扣押裁定，則只能對不動產或動產予以查封或對銀行存款、薪資請求法院發扣押命令，而不能請求拍賣或發收取命令。

契約擔保債權的追索

對於企業已設定或占有之擔保品，欲以強制執行實現債權之方法，茲概述如下：

1. 現金擔保

以存證信函通知債務人行使抵銷權。因民法規定，抵銷應以意思表示向他方為之，其相互間債之關係溯及最初得為抵銷時，按照抵銷數額而消滅。但須注意的是，此項意思表示若附有條件或期限，將會無效。為此，以存證信函通知債務人行使抵銷權時，須勿附有條件或期限。

2. 定期存單或有價證券之質權設定

有關定期存單之強制執行，先確定債權額，再持債權憑證向銀行請求執行定期存單。此確定債權方式有以支付命令、起訴或本票裁定等。而一般有價證券之強制執行，則須

先查封占有該有價證券，再依強制執行法第四章對於其他財產權之執行方式辦理強制執行。

3. 以物設定抵押權

動產抵押之強制執行，首先占有該動產，聲請法院實行抵押之裁定，再依法院之裁定書，依強制執行法之規定辦理強制執行。不動產抵押之強制執行，則可聲請法院拍賣抵押物，進而實行查封、拍賣等程序。

4. 保證人

處理保證人的強制執行，須先以保證人為訴訟當事人，再以支付命令之督促程序或起訴方式確定債權，然後再依強制執行法之規定辦理強制執行。另如果保證人並未拋棄先訴抗辯權，則依民法規定，保證人於債權人未就主債務人之財產強制執行而無效果前，對於債權人得拒絕清償。

5. 票據擔保

(1) 支票被退票或本票到期未受償之處理

支票被退票或本票到期未受清償時，執票人應依支付命令聲請狀、本票裁定聲請狀或提起訴訟之方式，向債務人求償。而求償的時效期限，依票據法之規定支票在提示後遭到退票時，應自發票日起一年內，對發票人求償；對前手追索，應自提示日起四個月內。本票執票人，於本票到期後未受償，應自到期日起三年內，向發票人求償；對前手追索，應自到期日起一年內為之。至於在大陸，目前只有銀行可開立本票，且接受跨省提示支票的銀行不多，

故企業與跨省往來的客戶應儘可能要求其使用銀行承兌匯票或銀行匯票，或以電匯的方式為之。

(2) 票據喪失的處理

票據喪失時，應先通知付款人止付。並於五日內，向付款人提出已為聲請公示催告之證明。而所謂公示催告，是指法院以公示之方法，催告不明之權利人，於一定期間內申報權利。而公示催告之聲請狀，應向付款地之法院提出，並在公示催告裁定准許後，登載於報紙。登報後，經過公示催告裁定上所載公告期間屆滿，無人申報權利後，在三個月內向法院聲請除權判決。而取得除權判決後，得對於付款人請求付款。

(3) 票據過期處理

執票人對於票據因怠於行使而過期，對於發票人仍然有利益償還請求權。亦即依票據之原因關係，對於發票人於其所受利益之限度，請求償還。例如：發票人向執票人買貨，因此簽發支票以給付貨款，其後雖然支票執票人之提示日距發票日已逾一年，但仍可依買賣關係，向發票人（即債務人）請求給付貨款。但要注意的是，利益償還請求權僅能對發票人行使，不能對背書人請求。

契約的虛偽債權追索

當企業在履行契約之過程中，發現債務人提出虛偽之他方債權資料，或有其他欺詐情形影響企業有關契約債權的實現時，企業可考慮對該債務人提出刑事詐欺之告訴；或掌握

有債務人涉嫌逃漏稅之事證時，可向稅捐稽徵機關進行舉發；或有違反勞工法令之情事，可向勞工主管機關檢舉等，期以造成債務人心理上之壓力，迫使其能有意願與企業進行債務清償之相關協商工作。上述相關可適用之法律依據，例如刑法第 356 條之損害債權罪，刑法第 210 至 218 條的偽造文書罪，刑法第 339 條的詐欺罪，或動產擔保交易法第 40 條之損害抵押權罪、稅捐稽徵法第 41 條以詐術或不正當方法逃漏稅捐之刑責等。

行政風險管理

行政責任風險主要為企業違反相關行政法規或是行政機關之行政行為違法，或是行政法規中不確定的法律概念，例如：正當、不正當、公眾所普遍認知等，無法使企業判斷行為有違法時，致企業因此所可能遭受行政機關處以罰鍰、沒入、停止營業等之行政執行罰或行政罰風險。行政法中各項法律關係之目的在維護國家及社會的安全與發展，而企業營運過程中與社會整體運作又息息相關，因此行政法與企業彼此關係難謂不密切。

例如台灣的社會秩序維護法採無過失責任，違反行為不問出於故意或過失，均應處罰；或違反勞動法令之行政處罰之罰鍰；或企業間透過訊息交換的方式，同時將產品漲價，亦即二家以上有競爭關係之事業共同決定商品或服務之價格、相互約束事業活動等之行為就可能會構成台灣公平交易

法之「聯合行為」，而被處以罰鍰；在大陸稅務機關對偷（逃）稅企業和直接責任人員處以偷（逃）稅數額倍數的罰款等。對跨國企業來說，面對投資國的行政法規的限制、反壟斷調查，或行政機關濫用職權、行政違法行為等爭議，不論最後是否提起訴願（大陸為復議）或行政訴訟，皆須預先做好訴諸法律規劃。

　　至於是否為向本國法院起訴或投資國當地法院提起訴訟的法律規劃，或者是向國際仲裁機構提出仲裁等，皆要避免引起營運所處地民眾的民族排外情緒。又例如：OECD 的多國企業指導綱領，其主要目標是希望跨國企業的營運目標能與政府一致，雖然他是各國政府對跨國企業營運行為符合相關法律規範的自發性商業行為及標準的建議事項，但企業藉由執行該指導綱領，能因此與營運所處地社會民眾間深化互信基礎，這將有助於跨國企業的永續發展。

　　最後本節要強調的是，行政機關之行政行為主要係受行政程序法之拘束，行政行為應符合「比例原則」，例如台灣行政程序法第一條即明白的表示其目的在「保障人民權利」，而同法第七條亦明確表示，行政行為有多種能達成目的之方法時，應選擇對人民權益損害最少者為之。

行政責任　案例

　　近來引發用油風波的 M 公司，直指油品由 N 公司供應，N 公司副總裁緊急澄清表示，N 公司目前僅供應 M 公司 20% 左右的用油，品質絕對安全，禁得起考驗。N 公司副總裁表示，M 公司來台 20 餘年來用油，原本都是 N 公司獨家供應，每月大約供應 200 餘噸用油，直到 3 年前，M 公司改以進口美國 G-co 生產的油脂為主，目前 N-co 每個月約僅供應 M 公司 40 到 50 噸左右用油，約占 2 成。

　　N 公司副總裁認為，M 公司應該講清楚出問題的門市用油情況，包括使用油來源。從 M 公司被驗出用油含砷以來，N 公司就一直追著 M 公司問，出問題的門市是用誰的油，但 M 公司始終無法回應。令人相當不解，為何一個國際級企業，在重要生產過程沒有一致性的管理流程。N 公司是 SGMP 的工廠，與 M 公司已有 20-30 年的供應關係，每年送驗的報告及程序都符合標準，多年來也從未檢驗出「砷」的情形，品質絕對禁得起考驗。

資料來源：2009/07　時報資訊

「OECD 多國企業指導綱領」指導原則

1. 觀念與原則（Concepts and Principles）

　　指導綱領係各國政府對多國企業營運行為的共同建議，企業除應遵守國內法律外，亦鼓勵自願地，採用該綱領良好

的實務原則與標準，運用於全球之營運，同時也考量每一地主國的特殊情況。

2. 一般政策（General Policies）

企業應促成經濟、社會及環境進步以達到永續發展的目標，鼓勵企業夥伴，包括供應商，符合指導綱領的公司行為原則。

3. 揭露（Disclosure）

企業應定期公開具可信度的資訊，揭露二種範圍的資訊；為充分揭露公司重要事項，如業務活動、公司結構、財務狀況及公司治理情形；將非財務績效資訊作完整適當的揭露，如社會、環境及利害關係人之資料。

4. 就業及勞資關係（Employment and Industrial Relations）

企業應遵守勞動基本原則與權利，即結社自由及集體協商權、消除童工、消除各種形式的強迫勞動或強制勞動及無僱傭與就業歧視。

5. 環境（Environment）

適當保護環境，致力永續發展目標，企業應重視營運活動對環境可能造成的影響，強化環境管理系統。

6. 打擊賄賂（Combating Bribery）

　　企業應致力消弭為保障商業利益而造成之行賄或受賄行為，遵守「OECD 打擊賄賂外國公務人員公約」。

7. 消費者權益（Consumer Interests）

　　企業應尊重消費者權益，確保提供安全與品質優先之商品及服務。

8. 科技（Science and Technology）

　　在不損及智慧財產權、經濟可行性、競爭等前提下，企業在其營運所在國家散播其研發成果。對地主國的經濟發展與科技創新能力有所貢獻。

9. 競爭（Competition）

　　企業應遵守競爭法則，避免違反競爭的行為與態度。

10.稅捐（Taxation）

　　企業應適時履行納稅義務，為地主國財政盡一份心力。

刑事風險管理

　　為避免企業行為活動涉及刑事法律風險，企業應預先就行為所衍生的法律效果是否牴觸刑事法律規定做審查，其次

再判斷過失的違法行為是否構成阻卻違法事由，最後則是一旦行為發生後，是否有刑事法律之有責性問題。例如台灣刑法「業務過失傷害罪」或「業務過失致重傷罪」皆屬告訴乃論之罪，依刑事訴訟法第 237 條之規定，告訴人必須自知悉起六個月內向警察機關或檢察官申告犯罪事實，請求追訴，故企業須注意「追訴期限」的問題；或因刑事偵查階段不能提起附帶民事賠償，故若偵查階段期間延長，則民事侵權行為損害賠償二年的請求權可能因此而消滅，則須另提起民事訴訟法請求損害賠償；又例如水污染防治法第三十六條規定：「事業不遵行主管機關依本法所為停工或停業之命令者，處負責人一年以下有期徒刑。」故企業負責人需評估不為停工或停業之行為的有期徒刑產出代價。

　　而有關大陸刑事責任的風險管理，首先應瞭解大陸的司法體系，基本上是由公安部、人民檢察院、人民法院三大機構所組成，也就是一般所稱的公、檢、法。大陸的法院分為四級二審制。四級是指大陸法院共分為四個層級：即全國只有一個的最高人民法院，及各省（或自治區、直轄市）有一個高級法院（省級人民法院）、中級法院（市級人民法院）及基層法院（地級人民法院），這四級間並不是隸屬管理，只是業務指導關係，每級法院都受同級黨委和人大的領導。

　　「二審」，是指所有案件只能上訴一次，亦即二審定案。案件的第一審管轄法院，原則上為基層法院，但若為：反革命案件；無期徒刑、死刑的普通刑事案件；外國人犯罪或者中國公民侵犯外國人合法權利的刑事案件，則第一審管轄法

院為中級法院。公安負責犯罪偵查並將案件移送檢察院，犯罪偵查對人的方法包括訊問、搜查及強制措施（處分）強制措施包括拘傳、取保候審、監視居住、拘留、逮捕等；對物的包括搜查、扣押、物證保全等。

　　大陸的刑法罪名可分為八大類，分別是：反革命罪、危害公共安全罪、破壞社會主義經濟秩序罪、侵犯公民人身權利和民主權利罪、侵犯財產罪、妨害社會管理秩序罪、妨害婚姻和家庭罪、瀆職罪。當外派大陸企業的員工因刑事罪名被大陸人民法院、人民檢察院、公安機關或國家安全機關等採取強制措施時，應儘速委託企業可信賴的大陸合法註冊律師，向偵查機關瞭解員工涉嫌的罪名及犯罪事實，因為刑事案件在公安機關尚未移送檢察院前，通常是最佳的救援時機。錯過此時機，一旦移送檢察院，通常會被起訴而進行審判的程序。且被起訴之員工在開庭前始收到檢方所具陳的罪名、證據及理由之起訴書，此時若才委託辯護律師，則代理申訴的準備時間勢必不足。

　　在大陸的一般刑事案件，對犯罪嫌疑人的逮捕、拘留，只能由公安機關負責執行。國家安全案件的逮捕、拘留，只能由國家安全機關負責執行。拘傳則可以由人民法院、人民檢察院、公安機關、國家安全機關執行。有鑑於強制措施對企業員工人身安全及營運影響甚鉅，企業外派大陸員工應對大陸的刑事程序得主張之權利有所瞭解，方能提高在大陸的自身安全保障。

代理風險管理

　　所有權與經營權分開的代理問題，是目前許多企業普遍存在的問題。當公司的資金提供者授權公司的主要股東或專業經理人等執行公司業務時，在資訊不對等的因素下，常會發生業務代理人與業務委託人間之利益衝突。業務代理人若做出不利於業務委託人利益的決策而損及其權益，連帶的也將影響到投資人及債權人之投資、借貸的意願。企業為達成永續經營與競爭優勢的建立，必須取得投資人的資金與資源的支援，而健全的公司治理制度，使企業有良好的經營成效，使股東、債權人、員工獲取應有的報償，這將是取得投資人的資金與資源的先決條件，更重要的是此亦為股東與投資人信心與信賴之所在。

　　因此在建立健全的公司治理制度，除加重外部董事的職能以面對國際市場之競爭與挑戰外，亦須從有效落實法規與流程機制上著手，方能吸引長期資金投資者及國際投資人的參與。茲將公司治理風險管理重點說明如下，讀者可參考本章附錄一公司治理風險因子審查表。

公司治理　案例

　　屬於海空貨運承攬業的中××公司與台××公司，公司股票上櫃後對業務發展都有很大助益，特別是有利爭取國際企業的委運業務。世××公司董事長與台××公司董事長，分別表明將公司股票上櫃的計畫，其中台××公司較早運作，預計今年開始接受輔導，2012 年上櫃，世××公司預計2013 年後上櫃。世××公司董事長指出，世××公司在船務代理部分並沒有上櫃計畫，主要是因為代理業穩定性差，例如目前公司代理的山東××公司已經申請來台設立分公司，估計下半年就回收回代理權，因此將由集團內經營海空運承攬業的世××公司來辦理上櫃。

資料來源：2010/05　工商時報

決策流程的管理

　　企業經理人或董事、監察人因資訊不足或故意而違反內控制度，或因利益關係而從事與法令規定不符的情事，諸如關係人交易、內線交易、利益輸送、掏空公司資產或詐欺、背信等脫法行為，常會導致企業財務、商譽受損。例如關係企業的某個供應商是母公司董事長的親戚，母公司或母公司管理階層於是以不合理的價格決策，要求子公司以不合營業常規方式採購，致子公司受有損害。此情形依台灣公司法之規定，母公司必須對子公司負賠償責任，若其他子公司因此受有利益，依同法之規定亦應與母公司負連帶賠償責任。為

避免諸如此類情事的發生，企業在公司治理管理上，首重於
建立透明化決策管理流程，以取得股東及投資人的信任。

股權架構的管理

　　企業的股權架構就像房屋的結構般，是房屋的主要支撐
力量。房屋結構設計首重安全，它必須要能承受著人、傢俱
之重量及風、雨、地震等之侵襲而不倒塌。相同的，公司的
股權架構亦以安全性為首要，例如多國籍企業為使海外投資
及財務處理上具有方便與節稅性，其股權架構可採用雙層控
股方式，亦即設立兩層境外控股公司。

　　如此方式除能使其他投資者在將來取得股權時的手續簡
便外，同時在股東變更時亦不會被稅務單位以其投資屬已實
現而課徵相關營利事業所得稅；且將來第三地第二層控股公
司分配股利時，由於該項股利並未匯回母公司，而是先行分
配給第三地第一層控股公司，只要該控股公司不分配股利，
則無需繳交所得稅，且第三地控股公司股利所得累積到一定
數目後，可作為海外其他投資事業之資金來源。不僅具租稅
遞延之效果，且兼具財務功能。

　　再者須注意的是，家族企業上一代宜預先對所擁有之股
權，有移轉予下一代的妥善規劃，方可降低一旦身後或其他
因素使股權移轉分配與家族親屬各成員後，產生不必要的經
營或主導權爭執而危及企業營運。而若是在大陸以中外合資
或合作企業方式經營，則除股權須預先做好規劃外，尚應將

董事會人數及人選作好安排，以免因董事間利益衝突無法協
商的情況下，導致企業運作停擺或解散。

案例：澳門賭王×××的最後賭注

2011-02-14 財新網

「賭王」的家族恩怨外曝於眾並非第一次。2007 年，比
×××小一歲的胞妹……將×××告上法庭，指控他 40 年來
以「家族醜聞」相要挾，逼迫自己放棄股權，騙取了上億美
元資產。耄耋之年的兄妹反目震動濠江，加上澳門政府近年
來力促博彩市場自由化，外資博彩集團攻勢甚猛，令「賭王」
備感內憂外患。

一名博彩業分析師對本刊記者表示，×××的遺產繼承
方案之爭，其實早在××控股上市時即已開始；而上市行為
本身，是×××遺產繼承的一個工具。××控股 2008 年 7
月上市以來，現金流一直相當充裕。截至 2010 年 6 月 30 日，
××控股擁有現金及現金等價物 117 億港元，短期借債 24.8
億港元，長期借債 35.9 億港元，淨現金 56.59 億港元。

「××控股上市後一直沒有大的項目要做，因此上市並
非由於渴求融資。但是，上市的好處是能夠將管理層和所有
權分開。」這名分析師指出，×××勢必對今日局面已有預
料，才有當年將××控股上市的決定，「只不過他萬萬猜不到
自己會中風。」

2009 年 7 月，時年 87 歲的×××在家中因中風暈倒撞
傷頭部，入醫院接受開顱手術，之後返家休養。病中有四房

子女輪流探望，但分割家產事宜亦從此緊鑼密鼓加快醞釀，終於引發 2010 年 1 月的這場股權爭奪戰。至於×××Co 的股份最終是四房平分，還是二房、三房據有，短期內仍未有定論。

　　××銀的一份分析報告指出，在短期內，××股份的變動將不會影響上市公司的運營。不過於長遠看，上市公司的戰略發展及決策會否因澳娛的大股東而異，還有待觀察。可以肯定的是，過去數十由×××一人集中掌權的賭業王國時代將由此不再。

　　在外界看來，澳門××家族爭產之戰，無疑為隔水毗鄰的香港富豪們敲響了一記警鐘。無論××實業的×××、×××兆業的×××，還是×××地產的××兄弟等，這些億萬富豪們已陸續步入遲暮之年。他們名下的巨額財富將如何繼承與分割？這是處于香港經濟「中流砥柱」地位的系列家族無法回避的問題。

法律文件的管理

1. 法律文件的定義

　　企業的法律文件，本書定義為電子或書面式的公司章程、公司證照、股東及董事會會議記錄、政府單位公文、公司相關營運規定或辦法、勞資關係文件（如員工退休、福利、保險辦法、內部勞資爭議處理辦法等）、不動產所有權及他項權利書狀、契約（例如獨家總經銷契約）、買賣契約（合同）、工程契約（合同）、智慧財產權文件（如專利權利證書、商標權利證書）等。

2. 法律文件的適法性及有效性

法律文件的管理重點在於其內容的適法性及有效性以保障企業的權益。故除定期的審核、檢查法律文件內容並適時調整外，平時則應作好法律文件的登記、分類、歸檔、統計等保存工作，避免因人為疏忽或天然災害而毀損滅失，對於政府單位糾舉或通知的法律文件，亦須妥善回應並存檔。而需依規定製作或申請的各項法律文件，應及時在法定期限內完成。

以專利申請的法律文件為例，美國是以誰發明的時間較早，來判斷由誰取得專利權。但在歐洲則不相同，其是以誰先申請提出，做為審定專利權取得的依據。又如在英國尚未取得專利前，如果將專利發表在論文期刊，則無法就此申請專利；但反觀台灣專利法之規定，只要於論文發表後六個月之內，仍可提出專利申請。

3. 法律文件的機密性

公司的法律文件，若為非普遍及一般公眾可取得之資料，即應適當地將文件採機密性分級管理，並管制其流通的方式與可知悉之層級或單位。而對相關知悉之內、外部人員，則應另與其簽訂保密協議書，協議書內容中應訂定明確及具嚇阻性的懲罰條款，期以有效管理文件內容外洩對公司商機可能造成的損失風險。

附錄

附錄一　公司治理風險因子審查表

一、公司資料：
  1. 公司名稱：
  2. 總公司地址：
  3. 公司登記國：
  4. (a)公司繼續營業期間：
    (b)公司營業項目：
  5. 最近三年內公司與總公司：
    (a)名稱是否變更？
    (b)有無涉及收購或合併案？
    (c)有無從屬公司被出售或停止營業？
    (d)資本結構有無變更？
      若上述任何問題之答覆為「是」，則請說明之：
  6. 最近三年內公司與總公司：
    (a)是否正考慮或進行任何購併案？
    (b)他公司是否有收購或合併總公司之任何計畫？
    (c)是否有意在下一年度提出新的出售有價證券公開要約？
      若上述任何問題之答覆為「是」，則請說明之：
  7. 公司與總公司：
    (a)為非公開發行公司？
    (b)為公開發行公司？
    (c)為在當地上市之公司？
    (d)為在海外上市之公司？
      若答覆為「是」，請說明於上市地點：
    (e)是否獲准在任何店頭市場或豁免證券交易中心買賣？
    (f)以其他方式交易其股票？
      若答覆為「是」，請說明之：

8. 公司與總公司：

  (a)全部股東人數：

  (b)已發行股數：

  (c)董事及重要職員所持有股數（直接或受益）：

  (d)所有持股超過公司章程所定股份十%以上者：

9. 公司與總公司最近報告及會計表所列董事及重要職員名單是否有任何變動：

10. 請列出公司與總公司完整之從屬公司名單，包括登記國家及最近之報告及會計表所列以外母公司持有股份之比例：

11. 總公司或公司或任何董事或重要職員現在是否有有效之董事及重要職員責任保險？

  若答覆為「是」，請敘述：

  (a)保險公司名稱：

  (b)賠償限額：

  (c)屆滿日：

  (d)附加保險範圍：

12. 任何保險公司是否曾拒絕承保、續保、或終止公司或總公司的董事及重要職員責任保險，或加以特別條款予以限制？

  若有，請說明之：

13. 總公司或公司董事或重要職員，是否依總公司或公司要求在非關聯公司擔任經營職務：

  若答覆為「是」，請列出該等公司：

14. 總公司或公司董事及重要職員是否因其在總公司或從屬公司擔任董事或重要職員職務，曾經或現在遭受賠償請求？

  若有，請說明：

15. 是否知悉有任何情況或事件可能會造成他人對總公司或公司的董事或重要職員提出任何賠償請求？

  若有，請說明之：

16. 是否知悉總公司或公司或任何董事或重要職員曾經或目前因涉及任何法律、法規、規則或附則規定而遭起訴：若有，請說明之：

17. 總公司或公司的董事或重要職員是否因其董事或重要職員職務曾

經遭受懲戒處分、罰款或判刑，或接受訊問？

若有，請說明之：

18. 總公司或公司是否投保有價證券賠償請求險？

19. 總公司或公司是否投保僱傭行為責任險？

若答覆為「是」，請回答補充問題。

20. 總公司或公司是否在其他國家境內有資產或商業活動？

若答覆為「是」，請回答補充問題。

附錄二　經銷契約

獨家經銷契約書

（以下簡稱甲方）

立書人

（以下簡稱乙方）

茲為乙方獨家經銷甲方所有之商品，雙方簽立本契約書，約定事項如后：

一、獨家經銷商品：

　　　如附件一（以下簡稱本商品），有關經銷商品項目如有增減之
　　需要，甲、乙雙方應另行書面協議之。

二、獨家經銷區域：

　(一)　_____地區（以下簡稱經銷區域）。

　(二)　針對上開經銷區域，如有變更之需要時，甲乙雙方應另行書面協
　　　議之。

三、指定與承諾：

　(一)　甲方依本約指定乙方為經銷區域內本商品之獨家總經銷商，由乙
　　　方全權負責經銷事宜，乙方為執行上述經銷事宜，並全權洽定次
　　　經銷商辦理。

　(二)　未經乙方書面同意，甲方不得再於經銷區域內，指定任何其他人
　　　為本商品之經銷商。

　(三)　甲方不得於經銷區域內，自行或以他人之名義，直接或間接經銷
　　　本商品。

　(四)　未經甲方書面同意，乙方不得於經銷區域以外其他地區經銷本商品。

四、責任與義務

　(一)　甲方之責任與義務

　　　1. 甲方具有指定乙方為其經銷區域內獨家總經銷商之所需各級
　　　　主管機關之許可、授權和核准；若因法律規定或乙方履行經銷
　　　　商義務而另需各級主管機關之許可、授權或核准時，甲方應無
　　　　條件協助申請辦理。

　　　2. 甲方供應本商品予乙方，絕無侵犯他人之智慧財產權等合法權
　　　　利或利益。

3.甲方依本契約其他條款所應負之責任，不因本條規定之解釋或推定而減輕。

(二) 乙方之責任與義務

1.乙方如依本合約應履行經銷商之義務所需之各級主管機關之許可、授權及核准時，乙方應負責申請取得。

2.乙方不得從事下列活動：

(1)假甲方名義引發任何責任承擔任何義務。

(2)為任何破壞甲方信用之行為。

(3)聲稱其為甲方之經銷產品或服務之代理人（除非經過甲方同意）。

3.乙方對於因履行本契約而獲悉與甲方商業事務相關之一切非眾所周知之訊息與資料，均應予保密。

五、貿易條件

六、廣告

七、交貨期限及付款辦法

(一) 交貨期限：

甲方應於收到乙方訂單後內或依乙方之通知期限，完成交貨事宜。

(二) 付款辦法：

1.乙方以方式支付甲方經銷產品之款項。

2.甲方應於每月_____前將月銷貨發票送達乙方，辦理請款事宜。

3.乙方於收到甲方發票後，經查核無誤後，應於_____內以現金或期票支付款項予甲方。

(三) 佣金

甲乙雙方同意乙方針對經銷地區以外之客戶居間介紹甲方供應經銷產品時，得向甲方收取佣金，其數額由甲乙方事先協商議定之。

八、契約期限屆滿、終止或解除之處理

　(一) 契約終止之原因

　　　　甲乙任一方有下列情形之一者，他方得以書面通知終止本契約：

　　1. 自行或遭他人向法院聲請破產宣告。

　　2. 遭銀行、票據交換所或其他機構宣告為拒絕往來。

　　3. 結束營業或進入清算程序，或其他財務狀況之重大改變，顯無法繼續履行本契約義務。

　　4. 違反本契約之約定，經他方書面通知後，無正當理由而未於七日內改正完善。

　(二) 終止本契約不影響任一方行使損害賠償之權利。

　(三) 若本契約期限屆滿或提前終止或解除，甲乙雙方應依下述規定辦理：

　　1. 甲方部分－

　　　(1)甲方應於契約期限屆滿、終止或解除後＿＿＿＿日內，會同乙方針對乙方庫存及通路退回之經銷商品進行盤點後，以原進貨價格買回，若甲方未按時付款，每逾一日，並應按應付款項百分之 0 點五計算遲延罰金。

　　　(2)甲方必須補償乙方因購買、進口、運送和存放經銷產品所生直接或間接之費用和支出，及自費用和支出日起至補償日止，按週年（365 天計）利率 5% 計算之利息。

　　　(3)針對乙方對其客戶必須繼續履行契約，銷售本商品部分，甲方同意於該契約存續期間，仍應依本契約之條件供應產品予乙方，不得拒絕。否則以違約論。

　　2. 乙方部分－

　　　(1)停止使用甲方所有與本經銷權有關之智慧財產權等權利。

　　　(2)停止任何可能導致誤認為甲方之經銷商或主代理商之行為。

　　　(3)在合理且可能之情形下，交還乙方所有與本經銷權有關之文件。

　　　(4)於契約期限屆滿、終止後＿＿＿個月內與甲方結清貨款，並支付甲方。

九、轉讓之限制

　　　　未經他方書面同意，任一方皆不得將本契約之權利義務轉讓予第三人。

十、協助義務

　　　　若任一方因履行本契約而遭受第三人索賠時，受索賠之一方得要求他方提供必要之證據及協助（包括訴訟協助），他方不得拒絕。另未經他方之書面同意，遭受索賠之一方不得與第三人私下成立和解。

十一、違反契約之處理

　　　　甲乙雙方應誠信履約，若一方有違反本契約定之情事時，經他方以書面通知後，如無正當理由而未於七日內改正完善者，違約之一方除應賠償他方因此所受之損害、索賠及訴訟所需之一切費用（包括但不限於律師費用）外，並願給付懲罰性違約金　　　元，絕無異議。

十二、不可抗力事由之處理

　　(一) 任何一方因下列之不可抗力事由致無法履行本契約之全部或一部時，不構成違約責任：

　　　　1. 天災。

　　　　2. 敵對行為之暴動（不論是否伴隨任何正式宣告之戰爭）、暴亂、民眾騷動或恐怖行動。

　　　　3. 政府或相關主管機關之行動（包括取消或廢止任何認可、授權或許可）。

　　　　4. 火災、爆炸、水災、氣候嚴酷或天然災害。

　　　　5. 國家緊急命令或對實施戒嚴以致商業活動受影響。

　　　　6. 廣泛影響甲方和乙方、整個產業或甲方和乙方所屬產業分支（不論是縱向或橫向）的勞資行動（包括罷工和停工）。

　　(二) 不可抗力情事結束時，雙方應立即履行遭不可抗力情事所影響之義務。

十三、契約完整性

　　　　甲乙雙方於本契約生效前，所為與本契約事項有關之口頭、書面承諾、授權或保證等均由本契約取代，且應自本契約簽訂日起失其效力。

十四、契約條款之可分性

　　　本契約中所列條款之全部或部分，若與法律之強制規定相抵觸而無效時，該無效之條款並不影響本契約中其他條款之效力。

十五、準據法及合意管轄

　　　本契約以＿＿＿＿法律為準據法。如因本契約而涉訟時，甲乙雙方合意以＿＿＿＿法院為第一審管轄法院。

十六、契約期間

　　　本契約有效期間自簽約完成之日起共計＿年，若甲乙雙方未於期限屆滿前三個月，以書面通知他方為反對之表示，則本契約視為自動延長＿＿＿＿年，其後亦同。

十七、本契約壹式貳份，甲乙雙方各執乙份為憑。

立書人

甲　　　方：

代　表　人：

地　　　址：

乙　　　方：

代　表　人：

地　　　址：

　　　　　　　　　　年　　月　　日

附錄三　經銷合約

本合約為甲方股份有限公司（以下簡稱甲方；公司地址：）與乙方股份有限公司（以下簡稱乙方；公司地址：），為銷售甲方公司產品，特訂定此經銷商合約，約定乙方得以甲方經銷商名義在特定地區銷售甲方產品，茲將雙方約定之合作條件載明如下，以利雙方業務之推展及遵守之依據。

一、經銷產品

甲方所開發、生產之如附件一之積體電路或產品（客戶委託設計 IC 除外），在合約有效期間內，屬乙方得向甲方訂購後再對外推廣銷售之產品。但甲方有權利規劃某些特定產品的銷售範圍、銷售對象與銷售計畫，並於推廣前通知乙方，乙方應遵照辦理。

對於市面上與甲方產品相類似者，乙方同意優先進行推廣銷售甲方產品。

本合約之簽署不排除甲方自行或委託其他代理商、經銷商銷售甲方產品之權利。

本合約僅涉及產品經銷之約定，並未創設任何合資、合夥、雇用、代理或其他類似之法律關係。

如有特殊專案，係由客戶直接向甲方訂貨，乙方僅收取佣金者，應由甲乙雙方另以代理合約訂之，不適用本合約。

二、銷售地區或對象

甲方同意授予乙方臺灣及大陸（含香港）地區之非專屬經銷權。非經甲方事前同意，乙方不得在前開地區以外之區域銷售甲方產品。

乙方必須定期向甲方報備或依甲方要求提供客戶、產品及應用等資料以利甲方進行代理商、經銷商與客戶間之管理及協商，但乙方依法或訂有保密合約而負有保密義務者，不在此限。對於前項未授權銷售的地區，乙方必須事先報備說明：地區、客戶、產品及應用等資料，待甲方准許後方可銷售。

甲方有權依乙方每季之業務報告及業績決定是否進行調整銷售地區或對象。

三、銷售計畫

　　乙方須於下列規定之時間前，填妥甲方所提供的表格，向甲方報告市場及客戶現況。未依要求提出報告時，甲方有權終止未報告部分之市場銷售權。

　　週報每週須提供甲方其每一個客戶的每一項產品銷售狀況、工程支援活動狀況及新產品開發進度追蹤報告。

　　月報每月須配合甲方所訂定時間提供

a. 銷售預測表（Rolling Forecast）

　　未來 6 個月的銷售預估，詳列各個產品料號每個月的銷售數量。但乙方並不因銷售預測而有任何採購義務。

b. 進耗存月報表

　　詳列各個產品料號每個月的期初庫存、從甲方進貨數量、銷貨數量及期末庫存數量；本報表涵蓋前一個月的實際值以及當月與下個月的預估值，共三個月的數據資料。

c. 年報

　　預估下一年銷售狀況與市場推廣計劃。（應於每年11月30前提出）

d. 乙方必須於簽約生效後一個月內提出當年度的銷售計劃。

四、銷售金額

　　乙方須於下列規定期間內，達到甲方所預定之銷售金額目標，甲方並得以此做為本約之繼續或終止及重新安排銷售地區、客戶之依據。

　　規定銷售金額（以實際出貨計算）之標準計算方法

(1). 第一季－乙方向甲方訂購之產品總價額須達甲方該等產品之甲方總業績的 3%

(2). 第二季－乙方向甲方訂購之產品總價額須達甲方該等產品之甲方總業績的 3%

(3). 第三季－乙方向甲方訂購之產品總價額須達甲方該等產品之甲方總業績的 3%。

(4). 第四季－乙方向甲方訂購之產品總價額須達甲方該等產品之甲方總業績的 3%。

　　如乙方因未達前項所定銷售金額目標而遭甲方終止經銷權時，

於符合下列條件之一時，甲方於半年內仍應接受乙方之訂單：

(1). 限於乙方依本合約第二條既已向甲方報備之客戶。

(2). 取消經銷權後，客戶於一個月內所下的訂單。

五、付款

甲方所報給乙方之產品價格，不含營業稅及關稅。

甲方給予乙方新台幣 1,000 萬元之信用額度，乙方可另依以下兩種方式而增加其授信之額度：

(1) 保證授信

　a. 乙方於簽約時需提供二位保證人為擔保，甲方得依保證人之財力、信譽及保證意願，綜合評定其授信額度。

　b. 乙方應另提供之擔保票據，其面額不得低於保證授信額度，並由前項保證人為連帶保證人。

　c. 本項保證授信額度不得超過以下擔保授信額度之金額。

(2) 擔保授信

乙方提供擔保品時，依據擔保物之不同，其授信額度計算方法如下

　a. 以現金擔保者：依提供金額 250%為授信額度。

　b. 以定期存單、信託憑證、公債等辦理質權擔保者：依提供金額 200%為授信額度。

　c. 上市、上櫃股票辦理質權擔保者，其授信額度不得超過股票最近三十日之證券市場平均收盤價格 200%。未上市股票辦理質權擔保者，以淨值價格 200%為限。

　d. 以不動產抵押設定者：以估價總值扣除前順位抵押權及土地增值稅後之淨額 200%為授信額度，其估價由甲方指定之鑑價公司之鑑價報告為準，另前順位需為金融票。

　e. 乙方亦得提供甲方公司股票，質設給甲方指定人員，再由該指定人員開立保證票據給乙方作為擔保，即行使間接質設擔保，其授信額度可以甲方公司股票最近三十日之 250%為限。

甲方應於本契約終止或屆滿，且乙方已完全履行其餘本合約下之義務後，一日內返還前開擔保品予乙方或配合塗銷質押設定。

乙方於信用額度內向甲方所採購之貨款，以每月五日、十五日

或二十五日三者之一由雙方協議擇一為結帳日；並必須於次月結帳日前，開立出貨當月結 30 天之支票予甲方。若特定產品經甲方事先規劃告知並經雙方協議後，得以其他付款條件進行交易。可歸責乙方之延遲付款，應由乙方負擔因此而生之損害。

乙方向甲方所採購之貨款必須依訂單報價之幣別付款。在特殊情形下，經事先徵得甲方同意後，乙方得以甲方同意之其他幣別於貨款應付日之前電匯付款，並以出貨日當天匯率計算付款。可歸責乙方之延遲付款，應由乙方負擔因此而生之損害。

乙方於超過信用額度外的金額必須以現金或不可撤銷之信用狀支付甲方。

乙方如有取消訂單或拒絕付款或延遲付款情事，經雙方確認金額後，甲方有權由乙方所質押之現金或不動產中逕行扣除之；並收回或降低本合約第五條第二項所給予之信用額度。

六、訂貨及交貨

乙方之訂單由其負責人或其指定代理人簽字蓋章後始生效，此訂單應由甲方於三個工作日內簽字確認或拒絕，經甲方確認後始成為正式訂單而對雙方均有拘束力。甲方逾三個工作日未簽認或拒絕者，視為已確認。

雙方同意下列之訂貨及交貨條件：

訂單以甲方委外生產各產品的最少批量的整數倍為訂貨數量。若甲方有現貨庫存則不在此限。

一方就合約之履行有遲延之情形者，他方得依第十五條第一款據以終止契約。

所有乙方之訂貨，除有事先於訂單指定外，均以乙方之所在地為送貨交付地。

七、產品行銷調整

乙方必須依本約第三條之要求，準時向甲方提出乙方之客戶群及各客戶之業績、採購產品、產品應用、訂單預測等。甲方得依據乙方所提內容及每月月報時之客戶檢討，於每季依公平合理之原則重新劃分或確認經銷商之客戶歸屬。劃分標準依是否報備、報告內容、接觸時間、業績、客戶採用產品狀況及客戶滿意度而定。

　　　　甲方未同意乙方享有銷售權之產品，甲方有權將乙方客戶有關此部分產品之市場開放予其他代理商或經銷商經營。

　　　　對於新產品，於充分保障乙方權益之前提下，甲方有權按實際情況及其策略、政策等做先期的客戶劃分。

八、庫存

　　　　乙方應依照雙方協議之數量與方式建立適當之庫存。

　　　　乙方必須於每個月的月報提出次六個月的銷售預估（Rolling Forecast），以利甲方規劃庫存。

九、不良品處理

　　　　乙方客戶如於使用甲方產品而進行量產加工後發現產品不良時，乙方負責協助澄清確認與協調解決。除非乙方確認係可歸責於甲方而造成之產品不良者外，甲方不接受任何客戶之申訴。

　　　　乙方客戶如於使用甲方產品而進行量產加工後發生產品不良而提出客戶申訴時，乙方必須先出面處理。乙方無法澄清解決時，甲方應接手處理。

　　　　乙方客戶如因產品不良而提出客戶申訴時，乙方應提供不良樣品、申請表等，於發現問題五個工作天內一併交與甲方檢驗。不良原因由甲方確認後，由甲乙雙方視問題原因合理共同補償。補償比率必須扣除出貨時已額外給予之備換產品比率。但不良原因係由可單獨歸責甲方者，應由甲方補償。

　　　　因乙方或乙方客戶之任何不當使用、錯誤的包裝、裝運時破損等不可歸責於甲方所生之損害，甲方概不負更換或賠償責任。

十、經銷商之義務

　　　　乙方必須維持相當的銷售組織及管道，以推動其經銷甲方產品之業務。

　　　　乙方必須維持基本且必要之工程人員，為客戶提供基本指導與解釋。

　　　　乙方至少需聘雇一名有電子工程背景 FAE，以無條件接受甲方所安排之各種免費訓練課程。

　　　　乙方之經銷計劃如有任何之重要修改，應即書面通知甲方並提出相關說明。

十一、產品服務、訓練

　　1. 甲方應於營業時間內免費提供乙方必要之工程或銷售上之協助。

　　2. 甲方應免費提供各項工程或業務推廣之課程提供乙方學習。

　　3. 為推廣業務所需要的簡介、技術支持資料或文件、甲方應主動供應乙方。

　　4. 甲方應依乙方之要求，依實際之需要，協同乙方向客戶作產品說明。

　　5. 甲方所發佈之任何 ECN（Engineering Change Notice 工程變更通知），必須在發佈日起算前十日內通知乙方。

　　6. 甲方應於正式推出新產品之前，對乙方及其人員提出新產品講習會。

　　7. 甲方應提供乙方有關產品之必要資料及工程人力之支持。

　　8. 樣品之提供：

　　　　甲方於新產品公開推出時，由甲方免費提供適當數量樣品做為乙方推廣之用。

十二、保密

　　1. 乙方依本合約所提出之有關報告（財務月報表、銷售月報表、銷售計劃、市場調查表等），甲方應負責保密。

　　2. 乙方對下列各項未經甲方公開之資訊，應負保密之責任，如未經甲方允許不得擅自宣揚洩露：

　　(1). 甲方未公開之新產品。

　　(2). 甲方之年度銷售預測與策略。

　　(3). 甲方之財務狀況。

　　(4). 甲方對乙方之技術支援文件或資料。

　　(5). 甲方所編寫之課程資料文件。

　　(6). 甲方產品價格之文件。

　　3. 其他經雙方協議應保密之資料或文件，雙方應保密之。

十三、知識產權之保護

　　　　乙方推廣之甲方產品須用甲方之商標、名稱、編號，乙方不可任意更動、塗改或仿冒。

　　　　甲方所提供予乙方之產品簡介、技術資料或文件；以及支援

產品應用開發之任何發展工具硬體與軟體，乙方亦不可任意更動、塗改或仿冒。如獲知任何更動、塗改或仿冒，應通知甲方處理。

依本合約甲方所提供予乙方之產品及相關資料，包括專利權、商標、積體電路線路權、商業機密、技術文件、產品型樣，以及甲方提供予乙方用以支援產品應用開發、協助推廣銷售之任何發展工具硬體與軟體，均屬甲方之知識產權，乙方不得以任何方法妨礙、損害甲方之知識產權。

乙方經銷甲方產品時，應與客戶簽約訂明所有甲方產品之專利權、著作權及其他一切知識產權均屬甲方所有，並約明客戶或其代理人、使用人不可有任何妨礙、損害甲方知識產權之行為。若乙方發現其客戶或其代理人、使用人有妨礙、損害甲方知識產權之行為，乙方應通知甲方，並採取有效之救濟程序與排除侵害甲方知識產權之行為。

若有上述妨礙或損害甲方知識產權之行為，乙方對於可歸責之部分應負擔損害賠償責任及相關知識產權之法律責任。

甲方保證因本合約所提供之乙方之產品，並無侵害任何第三人之專利權、商標權、著作權等一切知識產權，如有任何第三人因本產品之任何知識產權疑義向乙方或乙方客戶提出訴訟時，甲方應負擔全部費用（包括但不限於律師費），以保障乙方及其客戶，如因而致乙方或其客戶受有任何損害，並應負一切賠償責任。

十四、經銷代理合約之簽訂

1. 甲方得另與第三人簽訂本合約產品之經銷、代理合約，　並於簽訂合約前通知乙方，乙方不得異議。

2. 非經義務方同意，權利方不得將本合約之權利轉予第三人。

十五、合約終止

如契約之一方發生下列情況之一時，他方得終止合約：

1. 一方未履行合約中任一條款經他方以書面催促後逾二十天仍未改善者。

2. 一方未經他方同意，將合約內之權利義務轉讓或設質予第三人。

3. 一方財務或管理結構重大改變。

4. 一方將受或已受破產之宣告。

5. 一方將他方產品之有關機密、管制文件洩露或交予競爭對手。

6. 乙方連續兩季未達所規定之銷售金額。

7. 乙方將甲方產品之商標、名稱、編號更改或塗改。

8. 不可抗力事件發生而顯然無法於短期除去時。

9. 合約有效期間結束而當事者任一方無意續約。

十六、合約終止後之處理

1. 本合約終止時，除本合約另有規定外，乙方得繼續銷售其已受領之產品至售完為止，乙方並得繼續維護其已售出之產品。其因維護產品所需之零件及消耗品，乙方得向甲方繼續訂購。

2. 乙方所訂購而未交貨之產品，如交貨期係合約終止起 30 日以內者，乙方應繼續受貨付款。

3. 本合約終止時，乙方應依本合約第五條付款條件結清所有貨款。

4. 本合約終止後一年內，本合約第十二條、第十三條仍繼續有效。

5. 合約終止時，乙方應於七日內，歸還甲方所提供之全部技術文件、說明書及其他資料、硬體設備、應用軟體等，乙方如曾自行複製上述文件或軟體時，乙方並應於同期限內交付甲方上述各類文件及軟體之所有複製本，但乙方就已售出產品之維護所需之技術文件且事先告知甲方者不在此限。

十七、不可抗力事件

　　本合約所稱之不可抗力事件為，凡有阻礙、限制或延後合約中甲、乙雙方當事人義務之履行或權利行使之事件，且該事件之發生、消滅、除去，非為甲、乙雙方當事人在合理情況下所能控制者。如天災，如水災、地震、風災或其他自然災害，造成交通運輸或通訊之限制、阻礙等情行。暴亂、暴動、罷工、怠工、停工，但不包括當事人有權利阻止之事項。戰爭。意外事件，如火災。不可預期之政府法令或規章限制。

　　甲、乙任一方因不可抗力事件所造成無法繼續履行本合約義務之情形時，除應儘速以任何可能方法通知另一方外，並應於十日內以書面向另一方提出正式通知。通知上應說明事件內容、影

響範圍、可能繼續期間、對合約雙方之權利義務可能遭受之影響內容、範圍、程度等。若可預知事件結束、消滅或得以除去之時間，亦應一併說明。於通知事件之發生、繼續或結束時，應提出相關之證明文件，如報紙、廣播、電視報導或法院、公會、政府機關等所作成具公信力之文書。

　　不可抗力事件正式通知後至事件終止前，雙方遭受影響之權利義務得停止履行並視為不可歸責。事件終止後，即應繼續合約之履行。若不可抗力事件顯然無法除去時，任何一方得依本合約第十五條終止合約。因不可抗力事件而導致合約終止時，仍適用本合約第十六條之規定進行善後處理。

　　不可抗力事件發生時，合約雙方當事人應本善意合作之精神全力阻止或除去該不可抗力事由，或尋求解決方法，以利合約之繼續有效履行。若雙方之協議無法達成，或無法與對方取得聯繫時，則任何一方均得終止合約，或依本合約第二十一條之規定尋求解決。

十八、合約完整性

　　除本合約之規定及附件外，任一方對他方並無其他任何承諾或保證。

十九、附件

　　本合約所附各項附件、附錄，均視為合約書之一部分。惟附件與本合約有所牴觸時以本合約為準。

二十、標題

　　本合約之標題，僅係作為合約標題之用，不得作為解釋合約之任何依據。

二十一、紛爭解決

　　本合約如有爭議無法協商解決者，雙方同意本合約如有爭議無法解決時，雙方同意以法院為管轄法院。

二十二、合約之修改

　　本合約如有未盡事宜，得由雙方共同協定並以書面修改增訂之。

233

二十三、合約有效期間

　　　　本合約有效期間自西元　　年　　月　　日起至　　年
　　　　月　　日止，期間屆滿後，本約即行失效。雙方若有意續
　　約，得另訂新約。

二十四、合約書簽訂

　　　　本合約書簽訂後，正本一式二份，由甲乙雙方分執存照。

簽約人：

　　甲　方：
　　代表人：
　　地　址：

　　乙　方：
　　代表人：
　　地　址：

　　　　　　　　西元　　　年　　　月　　　日

附件一、甲方同意乙方銷售之產品系列

產品系列	產品名稱及編號

附錄四　工程合約

本工程係　　　　公司（以下簡稱甲方）將　　　　工程，交由　　　　（以下簡稱乙方）承攬，經雙方同意訂立合約如下：

第一條　工程地點：
第二條　工程範圍：（詳圖說及施工規範規定）
第三條　合約總價：

全部工程總價　　　　　　元整（含稅），詳細表附後，工程承攬金額按照合約總價計算之。（本合約總價中已包含營業稅法所規定之營業稅額）（工程詳細表內數量及工項僅作為報價及計價參考，乙方於訂約前應詳細審算，如有短少、漏列項目，應於開標後、訂約前調整完畢，且調整後工程總價不得高於得標價。訂約後，若仍有短少或漏列項量均視為已包含於其他相關工項內，乙方不得要求另予加價。）

第四條　付款方式：

本工程付款依下列規定，由乙方按期以估驗表申請估驗計價，經甲方委任之監造人員審查無誤後，送請甲方核實後給付之。乙方請領工程款之印鑑，應與本合約所訂之領款印鑑相符，此項工程款不得轉讓或委託他人代領。

一、工程無預付款，且不因物價波動或物價指數調整而增加工程款。

二、自開工後每月第 　　個日曆天得估驗一次,付給該期內完成工程金額。詳如下表:

項次	期別	施工內容階段	金額	備註

三、進場材料:材料進場前,應先檢送樣品及檢驗資料供甲方及甲方委託之建築師審查核可後方可進場施做。乙方應設置倉庫妥為保管進場材料,如有失竊、虛報或保管不當影響品質時,乙方應負全責予以補足更換。

四、乙方於每月　日前檢附相關資料、相片、發票向甲方申請計價請款,甲方應於完成審查程序後,依雙方確認之估驗金額,開立次月結　天之期票給付該期計價款。

五、全部工程完成經正式驗收合格,且領有使用執照及接水電作業完成,乙方繳交保固切結與總工程款百分之　　金額公司保固本票作為保固金後,除有特殊事由外甲方應依規定程序付清尾款。

第五條　工程期限:

一、開工期限:乙方應於訂約之日起　　日內開工。

二、完工期限:全案工程限開工之日起　　個日曆天(　　年)內完工。

三、因故延期：如因天災人禍確為人力所不能抗拒或工程變更、政府法令變更，致需延長工期時，乙方得於事實發生日起　　　日內，以書面申請甲方核定延期日數。

四、為確保工程品質，因劇烈天候影響至無法施工者，經報請甲方核准後始得免計工期。

五、工程開工、停工、復工、完工，乙方均應於當日以書面報告甲方，並以甲方核定之結果為計算工期之依據。乙方不為報告者，甲方得逕為核定後以書面通知乙方，乙方不得異議。

六、甲方所核定相關工期事項，乙方均同意遵守，不得異議，亦不得因此提示賠償損失或停工結算等要求。

第六條　工程變更：

甲方對本工程有隨時變更計畫及增減工程數量之權，乙方不得異議。對於增減數量，雙方參照本合約所訂單價計算增減之。有新增工程項目時，得由雙方協議合理單價，但不得以新增項目單價未議妥而停工，如因甲方變更計畫，乙方須廢棄已完工程之一部分或已到場之合格材料，由甲方核實驗收後，參照本合約所訂單價或新議訂單價計給付之。但已進場材料以實際施工進度需要並經檢驗合格為限，若因保管不當影響品質之部分不予給付。

第七條　履約保證

一、乙方應於訂定本合約之同時，依其開標總工程款　　％計算，交付銀行本票或銀行開立之同額保證函予甲方〔分攤於　　張本票或銀行開立之同額保證函〕，做為其履約保證金，於工程進度每達　　％且實際進度未落後預訂進度達　　％時，得發文向甲方請求領回銀行本票或申請減縮　　％的履約保證函之擔保金額，若實際進度落後預訂進度達　　％時，甲方得暫不退還本票或不同意乙方減縮　　％的履約保證函之擔保金額之申請，直至完工驗收使用執照獲得後一次全部退還銀行本票或減縮履約保證函之擔保金額。

二、乙方有任何違約行為，致應對甲方負損害賠償責任，或乙方積欠甲方任何債務時，甲方得像開立履約保證函之銀行請求行使履約保證金，以扣抵該債務。

三、本合約如因可歸責於乙方之事由而解除或終止時，甲方除得行使一切合約權利外，並得不經訴訟或仲裁程序，逕行沒收全部履約保證金，作為處罰性違約金，如甲方另有損害，並得請求乙方賠償之。

四、前項情形，乙方因本合約所享有之法定抵押權，已登記者，應辦理拋棄之登記；未辦理抵押權登記者，除不得辦理該抵押權之登記外，並不得轉讓予其他第三人。如有違反本項約定時，悉依違反條文處理。

第八條　圖說規定：

所有本工程之圖樣、施工說明書及本合約有關附件等，其優先順序依序為特別規定（規範）、合約圖說、工程詳細表及一般規定（規範）。

第九條　工程監督

一、乙方及其人員於施工期間應受甲方或甲方指定之建築師監督，如有不聽從指揮者，甲方得隨時請求乙方更換該人員。

二、甲方指定之建築師執行本工程設計及監造事宜時，得視需要發給乙方有關下列事項之設計圖或書面通知，乙方應遵照辦理：

（一）本合約各項附件有關建築施工規範、常規及其他屬建築專業知識問題之解釋。

（二）工程設計品質或數量之變更或修改。

（三）為符合施工進度而採取之必要措施。

（四）工程材料進場前之廠驗及進廠時之檢驗。

（五）在工程進行中糾正其缺陷。

（六）不符合約約定工作之拆除重作。

（七）本合約有關之其他工作。

第十條　工程管理

一、證照許可

　　乙方應就履行本合約事項，以其自己之費用自行辦理並取得一切相關之許可、執照，並將其文件證照之影本交甲方備查，並代甲方向有關工程主管機關申領一切必要之許可證件。

二、工地負責人

（一）乙方應指派適當之人員出任其工地負責人及專門技術人員，以負責工地管理及施工技術之所需，並應將該人員之個人資料以書面送交甲方備查；施工期間該管理人員如有更動應即時報備，非經甲方同意，不得任意更動調換。該人員應常駐工地，隨時就其施工內容、進度、工地管理、安全衛生、災害防護及相關事項先向甲方為詳實之報告。

（二）甲方認為前述人員或乙方之任何工作人員、經甲方書面同意之下包商有不適任之虞者，得隨時請求乙方改善或撤換，乙方不得拒絕。

（三）前述工地負責人除依前項規定撤換外，乙方在未經甲方同意前，不得任意更換之。

（四）工務所設置可協調土建承攬廠商合棟分庫方式設置以便利溝通協調為主，乙方對於施工人員之食宿醫藥衛生，廢污水排放，以及材料工具之儲存房屋，均應有完善之設備，並符合法令規定。

三、僱用人責任

（一）乙方應以自己之費用，依「勞工安全衛生法」及「營造安全衛生設施標準」及有關法令或主管機關之命令，對其工作人員自負一切之僱用人責任，並應依法自行辦理相關社會保險，公共安全意外險、設置勞工安全衛生組織及管理人員，辦理一切依法令應設置之相關事項及手續。

（二）乙方工作人員及經甲方書面同意之下包廠商之人員因工作意外事件而有傷亡情形時，乙方應自負其全部責任，並以其自己之費用，處理有關就醫、復健、賠償或其他相應之善後工作，並與該人員或其家屬妥善協調，不得妨害工程之進度、造成甲方之困擾或損及甲方之利益，或藉故請求甲方負擔醫療費、傷殘補償、遺族補償或其他任何費用。

（三）乙方工作人員及經甲方書面同意之下包廠商之人員因履行本約對甲方人員生命或財產造成損害時，亦應負起相關民刑事責任。

（四）甲方與乙方不因簽訂本工程承攬合約，而有代理、委任、僱傭等之法律關係，僅單純為工程承攬之法律關係。

四、工地安全

（一）乙方於本工程完工並經甲方驗收合格前，應依甲方之指示、工程圖說及法令之規定，以其自己之費用為一切必要之安全及環保措施，以防止其工作或材料對本工程或第三人造成任何侵害。

（二）乙方應就其因施工期間與鄰地或第三人發生任何糾紛
或致第三人任何損害自行負責理清，不得損及甲方之
利益或權利，否則甲方得以乙方之費用立即代其處
理，並自任何應付乙方之工程款或保固款中扣抵。

（三）乙方於施工過程中或於工地現場發現任何意外事故，
均應立即通知甲方，並依甲方之指示為必要之處理。
如其情形緊急，無法即時通知甲方時，乙方除應立
即為處理外，並應於事後立即將其情事通知甲方。如
甲方認有必要時，並得以乙方之費用，直接為必要之
處置。

（四）乙方於施工期間，應維持現場之整潔，不得妨害他人
之工作及工地之秩序，並應隨時將一切不必要之障礙
物除去、妥善保管、安置使用之機械及剩餘材料，並
將廢料、垃圾及不使用之假設工程材料整理後，依甲
方之指示撤出現場。如有違背，甲方得逕行代為處理，
其因而所生之一切費用均由乙方負擔，並直接由工程
款中扣除，乙方不得異議；前述廢棄物之清理如違反
相關法令規定，導致甲方受主管機關處罰或訟累時，
乙方除應出面協助甲方解決外，對於甲方所受之損害
亦應賠償。

（五）乙方使用之一切材料或設備於進入工地後，如須移出
工地時，應依甲方指定之管理方式填具機具材料放行
條，並經甲方指定之監造人員同意後始可運出。如工
作之材料或設備由甲方提供時，乙方應負善良管理人

之注意義務為使用及保管，並依設計圖說或其他合約文件，或依甲方之指示使用該材料及設備，及返還或處理其剩餘品或廢物，不得有任何誤用、浪費、或為不當之使用，否則應負擔一切因而增加之費用，並賠償甲方為配合工期另行發包、緊急運用之一切費用及其他任何損害。

五、配合工作

（一）甲方或其指定之建築師得於施工期間隨時抽驗、查驗、召開工務會議，乙方應配合該抽驗及其後之驗收工作及會議記錄，並無償提供一切所需之人工、設備、圖說或為一切必要之協助。

（二）甲方將與本工程有關之其他相關工程，交第三人承攬時，乙方應與該第三人互相協助合作，如因工作不能協調，而致發生錯誤、延期、意外或糾紛時，甲方得決定應由乙方或該第三人就其情事負責，乙方就甲方之決定，不得異議。

第十一條　保險

一、乙方應以開工日起至本工程全部完工並點交甲方日止為保險期間，投保營造綜合損失險(保費已包含於本工程總價中)，其內容應包括下列各類保險事故，本工程工期如延長時，乙方就延長之期間應依同樣內容繼續投保：

（一）工程綜合損失險，其金額不得少於本工程之總承攬酬金，以甲方為受益人。

（二）第三人意外責任險、鄰屋及公共責任險，其每一事故
理賠金額不得低於　　　　元正，每一個人不得低於
　　　元正；第三人應包括（但不限於）雙方之一切人
員及臨時工、下包廠商及甲方指定之監工人員。

（三）乙方之員工保險

（四）營造機具綜合保險

（五）其他保險：包含竊盜險、火災險、意外險及勞工保險
等均由乙方自行辦理。

二、乙方應於開工前將前述保險單、保險合約及保險費收據
交付甲方，其內容如不符前項約定時，甲方得請求乙方
另行投保或加保。否則甲方得拒絕支付各期工程款或驗
估各期工程。

三、乙方依本條約定投保，並不減免乙方依本合約規定所應
負擔之義務與責任，甲方於保險事故或其他任何損害發
生時，仍得直接請求乙方負一切之損害賠償責任，乙方
不得以已經投保為理由免除責任，或請求甲方於保險公
司理賠後再對甲方賠償。

第十二條　完工及點交

一、驗收／點交

（一）乙方於全部工程完工時，應立即以書面通知甲方查
驗，如其結果發現有瑕疵時，乙方應於原定工期及進
度內，立即以自己之費用補修，並應經甲方覆驗，至
甲方認為合於約定品質、條件及數量為止。

（二）乙方於驗收或覆驗合格，並經甲方於驗收文件上簽署後，推定乙方工程已經全部完工，本工程並應同時交付甲方。乙方於點交之同時，應依甲方之請求，交付鑰匙、保固切結書、備材或耗材及其供應商之資料清單及使用工作所需之證照、檢查許可或類似之資料或文件。

（三）甲方依法律之規定或依雙方之協議，得就乙方工程瑕疵減少報酬時，應由甲方指定之建築師先行核算該工程瑕疵和標準工程品質間之差價，再按該差價之二倍計算應減少之報酬，乙方就該核算之金額不得爭執。

二、清理現場

（一）乙方完工後，應於工期內將其人員、器材、各項臨時設施撤移、拆除，並清理工地完畢至甲方認為滿意為止；如屬甲方或第三人所有之材料、工具或設備，並應回復原狀，返還甲方或第三人。如有遲延，除視為乙方未依期限完成工作外，甲方並得以乙方之費用直接為必要之處理。

（二）乙方於將工作物交付甲方時，應依甲方之指示清理工地、修補瑕疵或為其他一切必要之善後工作；如有遲延，甲方得以乙方之費用代乙方為該項工作，並自應付乙方之任何工程款中扣抵，乙方對該費用不得爭執。

三、部分點交

　　甲方於其認為必要時，得於不影響乙方施工之範圍內，得要求乙方先就其已完成之工作之全部或部分，依前述約定

辦理驗收並交付甲方;該部分工作之風險負擔、管理責任及
費用負擔,自點交後移轉於甲方。

四、本工程所有一切材料、未成品、或已成品,於點交甲方
　　前,均由乙方負責保管並負擔其風險;工作物交付甲方
　　後,該工作物之風險移轉於甲方。

第十三條　權利義務移轉之限制

一、乙方應自行完成本工程之一切工作,非經甲方之事前書
　　面同意,不得將其工作或工程之全部或部分轉包或分包
　　第三人;其經甲方同意者,應將該第三人之資料以書面
　　交甲方指定之建築師審查後轉交甲方備查;甲方同意第
　　三人轉包時,乙方應與該第三人負連帶責任。

二、乙方非經甲方事前之書面同意,不得將本合約之任何權
　　利或義務轉讓予第三人,亦不得將其因本合約所生之工
　　程款請求權、法定抵押權或其他任何權利或就本工程所
　　使用之進場材料、設備轉讓、出租、出借、設定抵押或
　　設定質權予第三人,或為其他類似之處分。

第十四條　保固責任

一、乙方就其工作或工作物,自甲方受領後,負　　年之保
　　固責任。如其間發生任何瑕疵或損壞,乙方均應無償加
　　以修復或更換,並對甲方及第三人負損害賠償之責任;
　　如乙方經通知後,未按時加以修復或更換時,甲方得自
　　行處理,費用由乙方負擔,甲方並得自保固本票直接扣

抵。但如其原因係因使用或維護不當，或其他非可歸責
於乙方之事由所致時，不在此限。

二、乙方依前項約定修復或更換工作物或工作時，均自甲方
重新受領後，就該工作或工作物依同樣條件另負貳年之
保固責任。

三、保固本票金額為承攬總價百分之　　　，作為其保固責
任之擔保，於本合約標的物建造完成並經甲方驗收無誤
後，由乙方開立授權甲方於乙方違反保固責任時，得自
行填具到期日之本票一只，交與甲方留存。貳年之保固
責任期滿，且乙方未違反其保固責任時，由甲方一次無
息支付乙方。

四、乙方如故意不告知其工作瑕疵者，保固期限不受貳年期
限限制。

第十五條　保密及知識產權

一、乙方就其因本合約而知悉甲方之任何機密資料或甲方與
第三人間之交涉情形負保密之義務，非經甲方事前之書面
同意，不得無故將之揭露、公開、或供自己或第三人為與
本合約之履行無關之事項；乙方並應要求其員工或經甲方
書面同意之下包商或其他類似之人員負相同之保密義務。

二、因本合約之履行所使用之任何圖說、設計或任何其他有
關之著作物，無論乙方是否為該著作物之原始創作人，
其著作權均歸甲方所有，乙方非經甲方事前之書面同
意，不得任意加以侵害。

三、本工程如涉及第三人之專利權或其他知識產權時，應由乙方負責取得一切相關權利人之同意授權，並負擔全部費用（包括但不限律師費、訴訟費、和解費）。如因侵害專利權而發生訴訟、賠償或糾紛時，無論其原因為何，均由乙方自處理，乙方並應保證甲方免受任何損失或不利。

第十六條　遲延及違約責任

一、乙方有下列情形發生時，甲方得於其情形改善或補正前，暫停或拒絕支付任何到期之工程款；

（一）未依甲方之指示或約定之品質、數量、方法、期限完成工作，經甲方事前或事後請求乙方補正、改善，而未依限期補正、改善者；累計進度較附件（四）施工進度表所示進度落後達百分之十以上者；

（二）乙方未依其與經甲方書面同意之下包商或供貨廠商之約定支付第三人工程款、貨款或其他給付義務，經該下包商或供貨商提出證明向甲方爭執，致甲方發生困擾者；

（三）乙方違反其與甲方或乙方經甲方書面同意之之下包商、供貨商或其他第三人間之合約責任，經甲方或該第三人對乙方請求履約或賠償，迄未解決該糾紛者；

（四）其他乙方有違約情事，經甲方約定相當期間請求乙方補正而仍未補正者。

二、甲方因前項情形或可歸責於乙方之其他事由，與第三人
　　發生爭執、糾紛，甲方得請求乙方於該糾紛解決之前，
　　仍依其與該第三人間之合約，先行履行其給付或支付到
　　期之款項。

三、前項情形，如乙方未依甲方之指示解決糾紛時，甲方認
　　有必要時，得斟酌其情形，於其應付乙方之任何款項範
　　圍內，代乙方直接對該第三人為給付，以解決其糾紛，
　　並就該給付範圍內視為甲方已對乙方為給付；縱乙方認
　　為其糾紛之原因或責任不在自己，亦應自行與該第三人
　　理直或索還其給付，不得主張甲方就此處置有任何異議。

四、乙方之工程進落後，致甲方認為有影響其依約完工之虞
　　時，甲方得請求以乙方自己之費用加班或趕工、乙方並
　　應提報趕工計劃送甲方審核；如依甲方之判斷認有必要
　　時，並得自行完成該部分之工程，其因而所生之費用由
　　乙方負擔，甲方並得自其應付乙方之任何一筆工程款中
　　直接扣抵，乙方就該金額不得異議。

五、如因可歸責於乙方之事由，致未能於約定期限內完成其
　　工作之全部或部分時，乙方除應對甲方負損害賠償之責
　　任外，每逾一天，應另給付甲方依總工程款　　　％計
　　算之處罰性違約金。甲方並得自其應付乙方之任何一筆
　　工程款中直接扣抵，乙方就該金額不得異議。

六、乙方因違約而對甲方負損害賠償責任或應給付甲方違約
　　金或應負擔之任何費用時，甲方得直接在其應付乙方之

任何到期或未到期之工程款中扣抵，或就甲方所持之履
約保證行使權利。
七、乙方因下列情形之一發生時，不負遲延之責任：
　　　　因可歸責於甲方之事由，延長工期或暫停、中止工
程時。
　　　　甲方未依約定期限及條件給付乙方工程款時。

第十七條　終止／解除合約

一、甲方得依其自己之斟酌或需要，隨時終止或解除本合約
　　之全部或一部；但其情形如非因乙方之故意過失或其他
　　可歸責於乙方之事由所致時，甲方除應對乙方已完成之
　　工作支付報酬外，不負任何責任。

二、除本合約另有約定者外，乙方有下列情形發生時，甲方
　　得終止或解除本合約，並請求乙方負損害賠償之責任；

（一）乙方無故逾開工日期而不開工，或其後無故停工或延
　　　誤工期累計達進度百分之　　　以上者，經甲方定期
　　　催告，仍未改正或補正時；

（二）乙方發生重大事故或與第三人發生財務糾紛，致影響
　　　乙方正常履約之能力，或發生財務困難，致其財產遭
　　　第三人查封，或進入和解、清算或破產程序，或有其
　　　他類似之情形時；

（三）乙方違反合約，經甲方定期七日催告履行或補正而仍
　　　未履行或補正時；

（四）乙方未經甲方事前書面同意，將本工程建造案件分包
　　　或轉包予第三人。

三、非因可歸責乙方之事由，致本工程逾連續二個月仍未能
　　開工施工時，雙方均得解除或終止本合約。

第十八條　回復原狀

一、本合約解除或終止時，乙方應依甲方指定之期限，立即
　　將已完成之工作及其剩餘之材料，依約定之方式交付甲
　　方驗收及點交，並與甲方共同結算應付之工程款，但甲
　　方就乙方之半完成工作或剩餘之材料認為無實益時，得
　　拒絕給付該部分之工程款。

二、乙方自行離去工地，或未依前項約定將其工作或材料交
　　付甲方時，甲方得直接占有該工作或材料，並繼續完成
　　其未完成之工作；甲方得就其因而所生或增加之費用，
　　於應付乙方之工程款中直接扣抵，如有不足，乙方並負
　　補足給付甲方之責。

三、本合約終止並經結算後，如乙方有溢領任何款項時，應
　　自受領之日起，至實際返還之日止，按年息　　%加計
　　利息，返還甲方。

第十九條　糾紛及仲裁

一、雙方因本合約之效力、履行、解釋或其他任何相關事項
　　生爭執時，應本諸最大誠意，依公平原則協調。如無法

達成協議時，雙方應依 　　　仲裁法，交付 　　　依法
仲裁。

二、雙方同意以 　　　法院為訴訟管轄地。

三、上項情形發生時，甲方得請求乙方仍依原定期限完成本
工程，或請求乙方立即將其工作之全部或一部交付甲
方，不得影響總工程之進度，否則不論雙方爭執之最
後結果為何，乙方均應對甲方因而所受之損害負賠償之
責任。

第二十條　連帶保證人責任

一、乙方應於簽約時，由其公司負責人及總經理，擔任本合
約乙方之連帶保證人；連帶保證人應保證乙方完全履行
本合約規定之義務，並隨工期延長或工程變更而自動延
續擴大其保證責任，不得中途要求退保。倘乙方不履行
本合約各項規定，延誤工期，致甲方蒙受之一切損失，
連帶保證人應連帶負責賠償。乙方尚未領取之工程估驗
款及各項扣罰款均於接辦未完工程時，自動無條件轉讓
予連帶保證人承受之。

二、連帶保證人因故於合約有效期內失去其連帶保證人資格
或能力時，乙方應即另覓保證人更換之。如有拖延情事，
甲方得暫停支付工程款。連帶保證人應俟乙方履行本合
約上之全部義務與責任後始得解除一切責任。

第二十一條　未盡事宜

一、雙方就本合約之修訂、補充或更改，應以書面訂之。

二、本合約及附件未盡事宜，應依民法有關承攬合約之規定及解釋定雙方之權利義務。

第二十二條　合約文件

設計圖。

標單。

領款印鑑。

第二十三條　款項補貼

前條第（五）項漏列項目，甲方同意於所有項目及金額均經甲方建築師確認無誤後，補貼乙方，補貼上限為　　　元整，此金額並已被包含於合約第三條總金額中。

本合約及第二十二條其他文件，共計正本一式二份、副本貳份。雙方各執正本乙份為憑，印花稅各自負擔；副本貳份，由甲方現場存壹份、乙方監工壹份。

立合約當事人

甲　　　方：

代　表　人：

地　　　址：

電　　　話：

統一編號：

乙　　　方：

代　表　人：

地　　　址：

電　　　話：

統 一 編 號：

乙方連帶保證人：

身分證字號

戶籍地址：

電　　　話：

　　　　　西元　　　年　　　月　　　日

第八章　政治風險管理

謙：亨，君子有終。

象曰：謙，亨，天道下濟而光明，地道卑而
　　　上行。天道虧盈而益謙，地道變盈而
　　　流謙，鬼神害盈而福謙，人道惡盈而
　　　好謙。謙尊而光，卑而不可踰，君子
　　　之終也。

象曰：地中有山，謙；君子以裒多益寡，稱
　　　物平施。

前言

　　企業在經營過程之際，隨時可能面臨如戰爭、革命、內亂、暴動、政變、外匯管制、環境保護、關稅障礙、反傾銷稅，及時差、語言、法律及風俗習慣差異等非商業性交易面的風險，本章於此定義其為**政治風險**。很多時候企業必須同時選擇面對非商業性與商業性的混合風險（Mix Risk），使得投資的風險成本無法僅憑市場商機、規模，或低廉人力費用等商業數據分析來理解與體認即可。

　　企業還須對投資地的國內生產總值增長趨勢、對外貿易、國際收支情況、外匯儲備、外債總量及結構、財政收支、償還能力、金融體制、社會體制等進行分析。特別是跨國籍企業投資分佈點遍及全球各地，在運作上，尤需格外的謹慎並備妥風險管理方案以為因應。為能使企業在對政治風險綜觀的瞭解與掌握上有所助益，並減緩非商業性的政治風險可能對企業造成的投資損失，本書於下述各節特舉例政治風險評估及政治關係、政治變動性及政治交易性等管理方法與讀者來共同探討與研究。

政治風險範疇

　　企業經營所面臨的政治風險範疇，本章依對企業的政治風險來源，將其分為全球型政治風險、區域型政治風險以及投資地政治風險等，茲分述如下：

全球型政治風險

　　以全球型政治風險的來源而言，某些經濟大國如中國、美國，或國際專業性組織如國際貨幣基金（IMF）、世界銀行、世界關務組織、世界智慧財產權組織、國際石油輸出組織（OPEC）等的決議，即會影響到各地區市場相關國家的企業營運活動方式。例如阿根廷為取得國際貨幣基金給予金援貸款，該國國會於是必須順應其要求，於 2002 年 5 月 15 日通過破產法修正案，使債權人可利用不同法律途徑收回債務或得到補償，其連帶使得該國企業對債權債務處理方式有所改變。

　　又例如國際石油輸出組織（OPEC）國家的石油產量下降使油價走高，全球許多企業將因能源支出增加而降低資本投資的能力。又例如美國的國內法「特別 301 條款」，將未達美國智慧財產權保護標準及法規、政策對美國的產品有不利影響情形之國家，納入施以貿易制裁的優先名單。在納入名單後，如果經由協商仍無法達成共識，美國即對該國家施以貿易制裁，則此勢必影響到該國之企業。

近些年來，由於地球的溫室效應、有害物污染、水資源枯竭等種種問題日益嚴重，地球生態環境永續發展（sustainable development）已形成國際間重要共識，因此環境保護問題相繼進入了外交、貿易與公約等領域。例如管制有害廢棄物跨國運輸的巴塞爾公約、管制臭氧層破壞物質的蒙特婁議定書（限制氟氯碳化物之使用），以及管制溫室效應氣體排放的京都議定書等均是。而此類國際環保公約，有些其中更具有貿易報復規定，其亦是企業全球型政治風險的來源。

案例：諾貝爾經濟學獎得主　沙金特：全球政治風險增

2012 年 09 月 21 日　蘋果日報

2011 年諾貝爾經濟學獎得主沙金特昨指出，財政危機往往帶來政治革命，歐債將造成全球政治風險。而×××與沙金特對談時提問，台灣出口有 4 成至中國，但從沙金特的理性預期假設來看，中國卻無理性的大量生產和建設，而過度生產根本是非理性，認為沙金特的理性預期和世界現況不同，要如何看待？

沙金特說，人們會根據自己的最大利益來做最決定，為何會有理性預期，它講的是在競爭市場中要能存活下去，但在計劃經濟中比較難預測，也容易出現非理性預期。×××再提問，大家都希望可理性思考，但台灣政府因過於理性，反而無法往前走，政府應把理性放一邊，台灣需要動力、需要向前走，而台灣有很多外匯存底，政府是否應把理性放一邊，而大量支出救經濟？

對於政府內閣改組，×××則表示：「新內閣是總統××
×的 First Team（第一團隊）、更是他的 Working Team（工
作團隊）」。他表示，台出口占台灣整體經濟高達 70%，現在
經濟成長率連「保 1」都有問題，若不快速改變出口架構，
前景堪慮。

此外，歐洲商會理事主席×××昨在歐盟台灣貿易振興
措施研究發表會上表示，5 大理由可支持台灣歐盟簽貿易協
議，包括歐盟外銷台灣規模自經濟危機後大幅提升，對貿易
有利；雙邊貿易協定可補足杜哈回合多邊貿易延宕不足；歐
韓 FTA 簽定後，雙邊貿易成長 6%，反觀台歐貿易成長有限；
兩岸關係改善；歐盟內需型經濟前景看淡，綜合來看，都應
增加台歐貿易，強化互惠。

區域型政治風險

以區域型政治風險來源而言，其主要來自區域內鄰近的
國家，例如東北亞地區北韓的核武發展計畫，引發與鄰近國
家間如中國、俄羅斯、南韓和日本等國家安全和戰略利益受
影響的爭議。印度和巴基斯坦在克什米爾問題上的對峙等。
上述國家其彼此間政治上的不友善關係，隨時有可能因此爆
發戰爭或經貿利益之衝突。其結果將導致企業的投資因此停
頓或受到限制，或彼此往來的貨物運輸交通航線被迫關閉
等，進而令企業蒙受經濟的損失。

案例：×××北韓試射不影響大選

中央社　2012.12.02

南韓總統×××表示，尚不明確北韓是否在總統選舉前試射飛彈。但即使發射，也不會對選舉帶來太大的影響。南韓「聯合新聞通訊社」今天報導，×××在青瓦台接受聯合採訪時，就北韓、朝鮮半島統一問題等發表上述看法。

×××說，每當南韓舉行重要選舉，北韓都會蠢蠢欲動，這只會引起南韓國民更多的反感。×××還說，南韓政府為因應北韓突發的挑釁，一直保持著嚴密的警戒態勢，這將有利於遏制北韓發起新的挑釁。×××也強調，北韓並沒有足夠的時間去考慮擁核還是去核問題。

在北韓開發核武和飛彈後，居民生活每況愈下。中國大陸也持立場表示北韓務必集中精力改善民生。他補充道，美國、中國大陸和南韓都希望看到北韓走上變化和開放的道路。對於南北韓統一問題，×××表示，朝鮮半島隨時都有可能實現統一。但北韓人口還不及南韓的一半，人口差距較大，在籌措統一費用的難度也比較大

投資地政治風險

有別於全球型和區域型等的政治風險，投資地的政治風險，對於企業的影響則是全面性的，尤其在經濟、政治、文化、人口素質等發展尚未成熟的國家更是如此。例如政黨間意識型態之爭、激進團體的武裝暴力、在野政黨不合理的杯葛經貿法案等，皆會影響到投資地企業的營運；或教育、兒

童、婦女及弱勢團體的福利預算不斷刪減，致貧富差距過大使社會階級流動減少，造成社會的緊張動盪等。

案例：台灣經濟政策　須對世界開放

　　×××總統勝選，據說乃因為選民害怕失去九二共識後失去××的經濟支持。據說，南部的飯店業者、旅遊業者、攤販，在投票前就感受到了失去兩岸經濟的可怕。據說，選情緊繃時大台商、科技界跳出來挺九二共識，也是害怕失去××的政策支持。台灣的產業的確需要開放，而且必須徹底地開放。但是，為什麼選舉辯論之後，結論成為只有對××開放才能救台灣經濟？

　　××股市總值已經超過台灣股市四倍，四大國有銀行中任何地區分行的營業額都超過台灣銀行業總體額；五年之內，××將會有四、五個省的經濟總量超過台灣。××每年只需要容許 500 萬名遊客赴台，每年就可貢獻超過新台幣 3,000 億元的消費，足以支撐 30 萬家小業者，養活 100 萬人。

　　台灣經濟挑戰巨大，未來幾年也非開放不足以救經濟，下一任的內閣必須有魄力、有知識，跨大步地向世界走去。否則，勝選的就不是××黨了。

2012/01/17　經濟日報

政治風險評估

　　政治風險的評估，主要是針對影響企業商業經營活動的政治風險因子進行定性與定量的分析評估。企業在做評估前，建議除參考報紙及政府出版品外，尚可參考各風險顧問公司的政治風險評估報告，例如香港的政治與經濟風險顧問公司（Political and Economic Risk Consultancy，簡稱PERC）、瑞士商業環境風險評估公司（Business Environment Risk Intelligence，簡稱 BERI）、英國經濟學人（The Economist）出版的政治報告（country report），及諸如穆迪投資服務公司、標準普爾公司（Standard & Poor's），或惠譽國際評級（Fitch ratings）等信用評級機構作出的國家信用評等報告數據。而諮詢當地證券公司分析師、商業團體、知名學者及相關市場人士等，亦是很重要的參考來源。茲對政治風險的評估概述如下：

政治風險定性評估標的

　　政治風險的定性評估標的，一般有民族主義程度、托拉斯的程度、對外人投資的限制程度、產業排外的保護程度、勞動的素質程度、法治完善程度、智慧財產權保護程度、潛在勞工糾紛、天然資源的蘊藏情形等。

　　例如企業所製造的產品與產量哪些屬於當地國政府政策限制項目；各種不同原料的進口批准核可程式的便利性；投

資市場是否有健全的金融體系支撐，是否會為了政治因素，進行金融市場逆向操作，及該國資金進入和退出機制是否順暢等皆是。

又例如有些國家，政策會隨執政者的選舉需求或官場文化的貪汙（corruption）與濫權的因素而改變，完全沒有穩定性與原則性可言，諸如此類的政治風險因素，對於不得不面對的企業而言，更需要有較高的政治風險管理能力。

案例　中國宏觀經濟

生產指數和新訂單指數連續三個月出現回升。11 月生產指數從 10 月的 52.1 回升至 52.5，新訂單指數從 50.4 回升至 51.2。目前政府採取擴張政策，主動增加基建投資，因此 11 月生產指數繼續攀高。而 11 月積壓訂單指數明顯回升，12 月生產指數有望繼續走高，推動中國製造業 PMI 繼續回升。11 月滙豐 PMI 終值則顯示產出回升明顯，但新訂單則有所下滑。由於滙豐 PMI 涵蓋了較多中小企業，11 月重回 50 之上中小企業景氣明顯回升。但 11 月官方 PMI 顯示小企業 PMI 仍在下滑，中型企業 PMI 也繼續位於 50 景氣線之下。可能的解釋是：中國官方 PMI 並未採用國際通行的權數分配。生產指數，新訂單指數，原材料庫存指數，從業人員指數及供應商配送時間指數的權數國際上通用 25%，30%，10%，20%和 15%。PMI 連升三個月創七個月以來新高，更加鞏固了我們對經濟景氣正處於溫和回升初期的判斷。

案例：高糧價議題發酵，食品股翻揚

　　全球異象頻傳，旱災、水災嚴重威脅今年糧食收成，現今全球糧食價格步步近逼歷史高點，據 OECD 報告顯示，全球糧食收成已到了「臨界狀態」，未來糧食價格將持續揚升。據 OECD 報告顯示，糧食產量成長趨緩，但需求卻是日漸成長，未來 10 年糧食價格漲勢已經確立，預計未來 10 年全球農業產出年均增長率將從前 10 年的 2.6%降到 1.7%。穀物實際平均價格將比本世紀第 1 個 10 年上漲 20%，肉類價格將上漲 30%。

2011/06　時報資訊

政治風險定量評估標的

　　政治風險定量評估的標的，一般採用如國民生產毛額（GNP）、國內生產毛額（GDP）、通貨膨脹率、幣制匯率、工業成長率、失業率、出口值、進口值、外匯準備、消費者物價指數、國外負債額度、經常帳赤字占 GDP 比率、政府預算數字、國家整體企業的投資與設備支出、資本外流程度（Capital flight）等重要經濟指標。

　　在此值得一提的是，資本外流程度往往是觀察一國的政治風險很好的指標之一。因為在不安定的政治環境中，民眾為了他們所積蓄的資金能夠受到安全保障，故會希望將資金轉至國外以求保全。因此當有嚴重的資本外流現象發生時，執政當局常會宣佈停止償還外債，並將民眾銀行的存款凍

結，甚或強制將外匯市場關閉，例如 1997 年索羅斯利用避險基金放空泰國的泰銖，造成泰銖暴跌所引發的亞洲金融風暴，導致 1998 年 9 月馬來西亞實施的外匯管制措施。

案例　歐債危機仍是全球經濟最大風險

　　歐盟統計局數據顯示，9 月份，歐元區失業率達 11.6%，創歷史新高。其中，西班牙失業率更是高達 25.8%，希臘緊隨其后為 25.1%，葡萄牙為 15.7%。歐元區 17 國失業人數高達 1849 萬人。第二，歐元區經濟遠未脫離困境。數據顯示，今年第二、第三季，歐元區 GDP 分別萎縮 0.2%和 0.1%，第四季為 0.5%。美國經濟諮詢機構環球透視預計，歐元區衰退將持續至 2013 年，2014 年才會出現微弱反彈。該機構警告，南歐經濟崩潰開始影響北歐，歐元區債務危機還將拖得很久。

　　第三，歐債危機已波及德國。歐債危機發生后，德國經濟在歐洲獨領風騷。然而，由於歐元區交易夥伴需求下滑，德國工業訂單減少、產量下降、出口下滑，私營部門收縮。德國經濟部預期，第四季及明年第一季，德國經濟將顯著放緩。作為歐洲最大的經濟體及貿易大國，德國經濟一旦陷入衰退，歐元區的問題將更加積重難返。

　　　　　　　　　　　　香港商報　2012 年 12 月 01 日

政治風險評等

　　企業在進行政治風險評等時，首先應蒐集審視各種的政治風險評估報告及相關資料，並定義何種為「非商業性風險因子」，其次則是從各種的政治風險評估報告或相關資訊中審查出會影響企業的政治風險因子，並將之歸納組合。再者則是決定政治風險因子量化的項目權重比例、範圍和數值後，將政治風險因子的組合計分並予以評等風險。有關政治風險評等機制，讀者可參考本章圖 8.1。

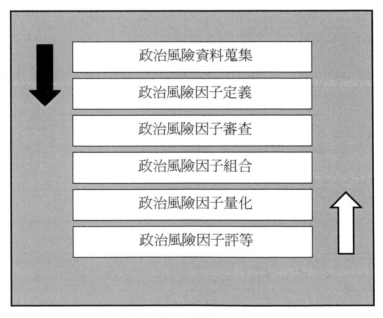

政治風險資料蒐集

政治風險因子定義

政治風險因子審查

政治風險因子組合

政治風險因子量化

政治風險因子評等

圖 8.1　政治風險評等機制

政治關係管理

　　企業不論在全球任何市場，大抵都有其特殊商業經濟與政治關係互動模式，通常為商業活動繁榮政治，政治活動保護商業。本章在此定義政治專值性（Political Specificity Value，PSV）為：企業在全球任一區域的市場或產業欲進行商業經營時，要獲得當地各層級有決定權的執政者或民意代表機關的核准時，其所須付出的政治關係成本。

　　如果某區域的產業或市場，為凡是只要符合當地區域法令規定之企業即可進行商業經營活動時，而非僅保障少數特許，則稱此產業或市場不具有專值性。當此產業或市場只有透過政府或國會特許後，方可進行商業經營活動時，即該產業或市場只有和特許權結合才能發揮其價值，我們稱此商業經營活動為具有政治專值性。

政治專值性迴避

　　政治專值性的迴避，即在於企業營運如何與執政當局或議會互動，以利排除政治專值性的管制性法律及行政命令規定的阻礙，使營運得以創造價值。當特定政府執政情境下對特定企業具有專值性時，相對的會對其他企業產生進入障礙。當該產業或區域只有特定公司握有該產業或區域內的營運特許權，則其他企業在該產業或區域的發展將因須支出與

該公司談判及相關限制之高交易成本,而此勢必影響到企業投資的利潤。

　　例如外商企業原先在大陸地區從事批發零售業是受到限制的,但在中國加入 WTO 後,其承諾於 3 年內逐步開放外商投資服務貿易領域,中國商務部於是在 2004 年 4 月 16 日發布外商投資商業領域管理辦法,明確規定外商投資者在符合管理辦法的情況下,可以依法設立外商投資商業企業,並從事商業流通領域的經營活動。因此,企業在面對政治專值性高之經濟環境,應儘量運用各種不同型態的方式做迴避。

政治專值性聯結

　　企業與投資地的政治專值性聯結方式,常見為出售或交換部分股權給當地具影響力的政商人士;或與地方政府簽立商業契約;或與地方政府合作設立地方發展基金,以增強與當地政府的關係;或以第三地公司的政治力量來聯結政治專值性;或藉著由各國政府參與之基金的介入投資提供聯結,例如亞洲基建基金(Asian Infrastracture Fund)等;或向多國銀行舉債的方式進入投資,此乃藉由牽涉數國利益的因素降低政治風險;或者藉由本國政府出面簽訂自由貿易協定,例如美、加、墨三國於 1992 年 8 月 12 日共同簽立的北美自由貿易區(NAFTA)協定等。

案例：美代表：盼美牛議題正面發展

美國貿易代表××表示，「非常希望強化台美經貿關係，盼近期美牛萊克多巴胺案的正面發展，可恢復雙方於 TIFA 架構下的高階官員諮商」。台美雙方在這次會談中，針對多項國際經貿議題、台美雙邊經貿關係以及美國主導的跨太平洋夥伴協議（TPP）的談判進展等，廣泛交換意見。對於美牛瘦肉精問題，經濟部指出，×××已向××說明台灣「安全容許、牛豬分離、強制標示、排除內臟」等 4 項政策方向。

×××並促請美方儘速召開台美 TIFA（台美貿易暨投資架構協定）會議，並表達台灣希望雙方在 TIFA 架構下就促進投資、電子商務及技術性貿易障礙等能有具體成果，進一步促進台美經貿關係，協助台灣參與區域經濟整合。 對此，××也回應：「本人非常希望強化台美經貿關係，盼近期美牛萊克多巴胺案的正面發展，可恢復雙方於 TIFA 架構下的高階官員諮商」。

××說，亞太地區對美國極為重要，美國高度重視台美經貿關係，希望雙方能在 APEC 場域及其他場域，就環境產品及服務業等議題進行合作。××強調，「TIFA 係雙方經貿關係的關鍵性機制，雙方可由 TIFA 針對各項雙邊貿易議題及經貿合作事項進行高階對話與全面性的討論」，因此恢復召開 TIFA 會議，應為雙方最優先的努力事項。

中時電子報　2012-06-03

政治變動管理

投資地的政治情勢如果是充滿著變化與不可預期，例如投資地的新執政者內閣不斷改組使政策搖擺不定，致使國外銀行因疑慮，而對企業於該投資地的資金融通與匯出受到限制；或投資地港口碼頭的勞工罷工，使企業的貨物運輸成本增加；又或投資地發生政變或暴動使企業營運停擺，則企業相對大量資金的積壓，勢將危及企業生存；亦或一國對他國發動戰爭引發石油價格飆升，使企業能源支出成本增加等，都將使企業付出更多的營運成本。

因此在政治情勢具有高度的不確定性與複雜性的國家，不論企業所屬國家與投資國間，是否已經簽署以公權力來保障雙方企業在地主國免於受外匯管制、徵收、戰爭、暴動等政治風險之投資保障協定，企業若無法藉由併購當地現存公司以迅速本土化，則至少應將經營成果或績效與當地員工的薪酬相結合，並同時尋求增加在當地銀行的融資。亦即讓當地人的利益與企業的利益是相連動的關係，則員工及其親屬等當地人及政府，必自發性的關心及保護企業。

若可能的話，應再尋求可提供政治風險保險之國際性銀行（例如亞洲開發銀行 ADB）、國際性保險公司或政府的出面承保，以分散政治風險。例如政府為從事國際銷售企業所提供的出口信用貸款保險（export-credit insurance）。企業投保政治風險保險，將有助於直接分散企業在世界各地的市場

和國家進行投資時的非商業性風險，例如投保政府無償徵收企業用地、政府突然實施資本管制使通貨不能兌換或轉讓、恐怖活動攻擊、暴動等的保險補償；政府無償徵收企業財產時的財產重置保險；或於當地國遭受暴動、恐怖攻擊時的財務損失或營業中斷回復的保險；或買方因戰爭無法付款時的應收帳款保險等皆是。

政治交易管理

企業政治交易（Trade-off）管理過程中，若能將政府、政黨及非利益團體的意見做整合，能使政治交易成本得以降低。「政治交易管理」本章的定義為：企業就商業經營活動的利益與執政者、政黨、營利及非營利等團體交換價值過程的管理，其主要為價值標的、價值偏好、價值衡量及價值衝突的管理。對大多數民眾而言，其與政黨或非營利團體人士交換價值的必要性並不多。但企業則不同，往往政府的某些管制措施對企業必然成為重大的成本負擔。因此企業常常需藉由負起某些社會責任或捐獻，以交換政府或非營利團體人士不去推動或制訂限制的法令措施。

例如環保公司每個月的有毒廢棄物處理，公司要取得當地環保團體或民意代表同意的交易次數即可能很高，且須持續很長的期間；或例如電鍍、造紙業、鍛造業者，須具有能將工業廢水處理達到政府環保單位制定的放流水標準之污水處理設施，方能將其排放於廠外水溝；又例如企業希望國會

或執政當局訂出有利企業發展的貿易及經濟政策，於是對國會或執政當局進行遊說或政治捐款活動。但要注意的是，企業在建立政治交易關係過程中，勿因便宜行事觸犯法律，或捲入政治是非影響到公司正常營運。例如公司管理團隊為獲取投資地之建廠合同，應避免用向當地政府地方領導人或高級政府官員行賄的方式取得。

當政治交易次數愈高時，企業愈難與單方面政（府）黨及非營利團體來完成交易。也因此通常須讓相關聯的團體來參與政治交易的過程。然在過程中，企業也經常會因相關團體的利益衝突，不得不再衍生許多其他交易活動來化解。因此企業在政治交易管理上，在考量改善關聯團體的工作與生活條件為目標的同時，對於其他迫切的社會問題，須拿捏出合理的方式來衡平相關團體的利益衝突。而如何建立長期合作的默契及良好的政治交易信任度亦是管理的重點。

在此讀者可參考圖 8.2 的企業政治風險管理模組，此模組乃作者按易經大有「卦」之意含所衍生，其卦辭為「大有，元亨」；象傳的闡釋則為「大有，柔得尊位大中，而上下應之，曰大有。其德剛健而文明，應乎天而時行，是以元亨」。亦即政治風險管理應把握合諧共生及謙謹誠信的哲理，以期使各利害關係方能夠心悅誠服。

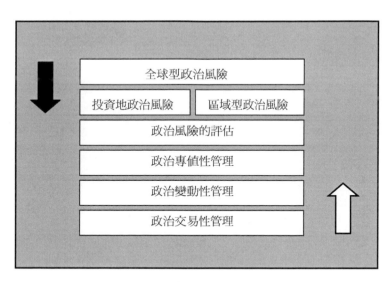

圖 8.2　政治風險管理模組

第九章　資產風險管理

前言

　　企業的資產，有形的如建築物、貨物、廠房、營業裝修、機器設備等的財產；無形的如資訊軟體、技術、專利、商譽、公司債信評等。在過往因為環境的相對穩定，在足額投保與自負額低的情形下，當發生天災或其他人為事故而導致資產損失時，企業常可獲得足額保險理賠填補損失。然由於全球化的因素，企業所處環境愈來愈多元化，企業資產所面臨風險也隨之越來越複雜；再加以近年來天災人禍頻仍，國際再保市場也因此不斷調高保費及保險自負額。面對高保費、高自負額的保險市場，保險實已不足以完全有效移轉企業的資產風險。

　　因此只要資產風險事故一旦發生，諸如原料或成品的損失、機器設備損失、停機生產損失、營業中斷損失、建築物及附屬建物損失、產品缺貨罰款或訂單取消的賠償損失、商譽損失、公司債信用評級下降等，及因此所衍生之訴訟費用、員工醫療費用、員工傷殘補償費用、員工遞補教育訓練費用、員工加班費用、檔案或資料重建之費用等，往往超乎企業財務所能承受之範圍。所以該如何妥善管理企業資產風險，當事故發生時，企業的有形或無形資產的損失能獲得適足的保障與回復，是本章所要探討的重點。本章在此將企業資產風險管理分為企業資產清冊管理、企業資產價值重估、企業知識風險管理、企業財產保險管理、財產損害防阻管理等，茲分述如下。

資產清冊管理

在企業的經營過程中人員的流動是免不了的，在這種的情況之下，接替資產管理工作的相關人員對資產項目及性質的熟悉度不足，是企業在資產管理時很大的風險。因為依照正常的企業資產管理原則，是需要對每一項資產及其附屬配件都列冊，並替每一項資產及其所屬配件拍照存證，企業若沒有對所有資產及其附屬配件都非常了解的員工，那麼在資產的辨識及管理上，就容易出問題。

企業可透過 IT 建立資產清冊的方式，完整管理所有資產。惟需注意系統管理者的作業流程有無依照標準作業程序，及資安管理人員變動時的因應。企業資產風險管理要做得好，首先須做好資產清冊的管理，相信這對做好企業資產風險管理工作能收事半功倍之效。

資產價值重估

資產價值重估對企業來說，是對抗因物價致使設備、廠房、專利、商標、公司債信等價值縮減的有力工具，在此讀者可參考本章附錄一企業商標價值重估資料審查表。適時辦理資產重估，重估後的資產價值相對的提高，就可以連帶提高購置資產分年攤提的折舊費用，直接的好處是因此降低所得稅負。

　　要注意的是，由於台灣的上市櫃企業須依財會準則第 35 號公報「資產減損之會計處理」規定，於資產負債表日評估是否有跡象顯示資產可能發生減損，當有減損跡象存在，即應將資產可回收金額低於帳面價值部分認列為減損。故上市櫃企業在資產重估時，對許多主觀判斷事項，應提出具體客觀合理之參考依據以佐證其合理性。至於有關資產可回收金額計算公式，讀者可參考圖〔9.1〕。

```
可回收金額＝淨公平價值及使用價值兩者取高者
淨公平價值＝資產售價－處分成本
使用價值＝未來現金流量之折現值
```

圖 9.1　資產可回收金額計算公式

　　另根據稅法規定，每年在財政部發布台灣地區衡量生產廠商出售原料材料，半成品及製成品等價格變動情形的躉售物價指數（WPI）及資產重估用物價倍數表後，當營利事業的固定資產、遞耗資產及無形資產，遇到物價上漲達 25%時，就可以辦理資產重估。至於物價上漲的倍數，財政部是依重估年份的台灣地區躉售物價指數除以取得年份台灣地區物價指數而得。

知識風險管理

　　經濟學者 Lester C.Thurow 曾說：「懂得用知識的人最富有，未來能否運用知識、掌握技術，是貧富差距的關鍵。」。而根據經濟合作暨發展組織（OECD）對知識經濟所下定義：「知識經濟為直接建立在資訊的激發、擴散和應用之上的經濟，創造知識和應用知識的能力與效率，凌駕於土地、資金等傳統生產要素之上，成為支持經濟不斷發展的動力。」。上述所言，實已道出目前企業競爭致勝的關鍵，乃取決於員工對知識的運用與創造程度。

　　故企業若能建構出知識運用與創造的機制，使內部或外部組織的知識，能不斷經過獲得、創造、交易、整合、記錄、存取、更新、創新等過程，以形成不斷累積的智慧時，其因此減少的實作中學（Learning-by-doing）的時間與成本，將提昇公司的市場競爭力。但與此同時，其所引發之諸如商業機密資訊的竊取、智慧財產權之侵權或高科技犯罪者癱瘓網路等風險，亦為企業必須正視與管理的課題。企業知識風險管理，本節將其分為資訊系統風險、知識經驗風險與員工人身風險等的管理，茲概述於下。

資訊系統風險管理

　　網際網路的快速發展，影響所及，現今企業的主要競爭優勢，已不再僅是土地、資本或勞力，而是對資訊的掌握度及企

業運用網際網路從事電子商務的能力，電子商務目前大致可以包括企業與企業間、企業內部、企業與顧客間的交易方式等三種不同方式。企業與企業間電子商務（Business to business e-commerce；又稱 B2B），亦即企業組織間透過網際網路電子商業活動，促使組織之間原料供應、庫存、配送、通路及付款等管理更有效率；企業內部電子商務（Intra-organizational electronic commerce）係指企業運用網際網路架構，建立內部溝通系統，整合內部相關活動及提升效率；企業與顧客間電子商務（Business to customer electronic commerce；又稱 B2C）則可讓顧客迅速取得商品與相關資訊，並藉由網路與顧客間進行快速的雙向交流。

誠如三位獲諾貝爾經濟學獎的美國經濟學家 George A. Akerlof、A. Michael Spence、Joseph E. Stiglitz 所提出，市場不對稱資訊（Asymmetric Information）的因素，形成對資訊運用掌握較強的企業，市場競爭優勢將相對高於其它對資訊運用掌握較弱的企業。而影響資訊運用的關鍵，即在於資訊風險的管理。

資訊風險的管理除了公司外部風險，如主機系統、伺服器、應用程式和資料庫等受網路病毒感染、惡意駭客入侵及阻絕服務攻擊等外，尚應防範來自企業內部人員的危害預防，例如員工不當使用網際網路造成商業間諜遠端取得企業機密技術；員工將非法軟體安裝或下載在公司電腦中使用，除令員工與公司有觸犯著作權法的罰金與刑責之風險外，更

將使公司遭受軟體公司提出高額侵權索賠的風險；或雖購買合法的商業版軟體，但使用人數超過授權人數等。

　　企業對硬體設備、通訊設備、系統軟體、應用軟體、資料庫系統及檔案系統等資訊系統，常在花費很昂貴的成本投資建置後，卻疏於對後續資訊系統運作與軟體使用等的風險管理。一旦當系統毀損、故障、當機等情形發生，致企業營運重要資訊及資料突然消失或作業立即停頓；或面臨高額軟體侵權訴訟賠償及負責人被處以刑事責任等時，勢必將影響到企業的正常營運。本章在此，特舉例附錄二企業資訊系統風險因子審查表供讀者參考。

知識經驗風險管理

　　知識經驗，分為內隱知識（Tacit Knowledge）經驗與外顯知識（Explicit Knowledge）經驗。而企業最重要的競爭優勢，即在於能將各職能或單位的員工之內隱知識經驗，以有系統的方式與各種外顯知識經驗結合起來應用與傳承，並將其累積記錄在組織內部系統。企業若得以保存知識經驗的應用模式，則人員流動所產生的知識經驗應用的缺口衝擊影響，將能有效的降低。惟許多的企業並不重視員工知識經驗傳承與書面記錄保存的重要性，且很少有完整的資料庫建立供員工來學習與使用。致每當公司遭遇到問題時，常面臨知道解決方法的員工已離職，或少數員工把持不願協助企業解決問題的窘境。

　　究其原因，乃大部分企業基於短期績效因素考量，僅要求員工在所負責工作事項上努力貢獻，而忽視對員工的「職

能獎酬計畫」（Function Reward Program，FRP）及「職能發展計畫」（Function Development Program，FDP）所可帶給公司的價值。尤以屬技術型、專業型的員工離職時，若將其在原雇用事業所研發、獲取的科技、資訊或商業模式等知識經驗帶至具有同業競爭關係的公司，其影響又更甚。因此，將員工的知識經驗留住，是知識經驗風險管理成功與否的關鍵。

另外要注意的是，企業在大陸地區即使已將員工的知識經驗應用以有系統的方式傳承及記錄在組織內部系統，在招用從事技術複雜及涉及到國家財產、人民生命安全和消費者利益工種的員工時，該員工的資格仍必須要符合大陸勞動部頒布的《招用技術工種從業人員規定》，即必須經過技術等級培訓、參加職業技能鑒定並取得職業資格證書（技術等級證書）才能擔任此技術的工作，而非僅是內部的傳承訓練為已足。

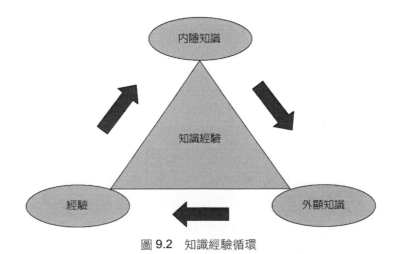

圖 9.2　知識經驗循環

智慧財產風險管理

　　智慧財產權包括著作權、專利權、商標權、營業秘密、積體電路布局、電腦軟體保護、工業設計、防止不正當競爭等，本章據此將智慧財產的風險管理分為須註冊登記的智慧財產權風險管理及不須註冊登記的智慧財產權風險管理。須註冊登記的智慧財產如商標與專利；不須註冊登記的智慧財產如作權與營業秘密。茲概述如下：

須註冊登記的智慧財產權風險管理

　　須註冊登記的智慧財產權風險管理主要為對現有智慧財產權利的延展與擴展，及正新創中的智慧財產權利等的管理。就現有的智慧財產之延展與擴展風險管理而言，可依需要向各國的智慧財產管理機構依法申請註冊證書，或於註冊證書期限屆滿前依法申請延展以維持權利的有效性。例如台灣的企業要在大陸、香港、美國與歐洲的市場銷售現有台灣的商品，則應就現有公司名稱與商品的智慧財產權利進行區域的延展與擴展。

　　故首先應將公司名稱及商品名稱在大陸、香港、美國與歐洲的智慧財產管理機構申請註冊商標，以保護台灣企業的公司與商品名稱不致遭大陸、香港、美國或歐洲的企業申請為當地商標來搶市場，或主張侵犯其商標權而面臨產品回收與侵權訴訟的風險。而就正新創中的智慧財產權利風險管理

而言，管理的重點則為未註冊登記前智財權歸屬的規劃、內
容機密的控管與保密法律文件的簽署。

案例：專利訴訟×光告贏×亞化

　　×光電子向日本特許廳（相當於台灣的智慧財產局）提
出對×亞化的藍光 LED 專利無效主張，已獲確認無效判決。
對該審判結果，×光除深表肯定外，因先前×光與×亞化的
專利訴訟，×光接連獲勝，對×光專利布局及建立品牌更深
具信心。

　　×光表示，已對×亞化持有的藍光 LED 相關專利
JP27xxxx（1 至 12 項）向日本特許廳提出專利無效審判請
求。日本特許廳已在 11 月 12 日審判同意×光主張，目前已
獲通知確認×亞化 JP27xxxx1 專利 1 至 12 項全部無效。

2012-12-06　旺報

不須註冊登記的智慧財產權風險管理

　　不須註冊登記的智慧財產權利風險管理，主要為著作權
與營業秘密的風險管理。由於著作權在創作時即取得權利而
無須註冊登記，因此對著作權之風險管理，重點在創作紀錄
之證明及授權制度的管理；而就營業秘密的風險管理而言，
重點在於機密分級制度的管理，及違反保密及競業禁止規定
的有效懲罰性條款之合約訂定。營業秘密由員工外洩與競爭
同業時，不僅公司形象受損，對公司的營運更將造成莫大嚴
重威脅與傷害。

員工人身風險管理

　　各國勞工法令一般皆採「無過失責任」主義，也就是無論雇主有沒有過失，員工在執行職務中，因職業災害死亡、殘廢、傷害或疾病等，一般皆是要求雇主負擔賠償責任。如果是因公司之疏失所造成，則在經法院判決有侵權之過失時，公司尚須負民法之侵權賠償的責任。因此企業對員工人身的風險管理，首要為預防員工發生職災，及發生後之賠償責任的風險管理。

　　由於大多數的政府所能提供的社會保險，僅能達最基本的照護條件，因此企業在社會保險之外，在消極面，應規劃配合完善的團體商業保險，如此除了能提供給員工全力以赴之工作環境外，相對能減少事故發生後，因員工家屬抗爭影響企業的形象及運作。在積極面的管理規劃上，則應提供員工人身風險管理的教育與訓練，使員工將人身風險降至最低，對於因執行職務造成傷殘的員工，則應儘可能朝如何使員工回復原有之工作為方向。茲對員工人身風險管理分述如下：

員工人身保險組合的規劃

1. 僱主責任及意外傷害險

　　勞基法規定，雇主必須負擔職業災害補償的部分或是民法的賠償，因此對於勞工保險職災補償理賠不足的部分，企業可以運用投保僱主責任及意外傷害險的組合，將財務風險轉移給一般商業保險公司，以降低企業在補償理賠不足部分

的費用負擔。但許多中小企業常為省下僱主部分負擔的勞、健保或團體商業保險費用，並未替員工辦理投保或以多報少。

因此當員工遭遇職業災害而致死亡、殘廢、傷害或疾病時，雇主除須面臨員工因事故無法領得的勞保給付補償或理賠不足金額的賠償風險外，還可能必須再被處以罰鍰。在此將僱主責任險與意外傷害保險的比較表列出如表 9.1。

表 9.1　僱主責任險與意外傷害保險比較

	僱主責任險	意外傷害保險
保險時間	執行職務期間。 （含上班、加班、出差期間）	保單期間。
承保事故	需因被保險人設備、設施或管理或作業上之缺失導致受僱人受傷而依法應由被保險人負賠償責任時始成立。	非經保單特別除外之事故發生即可成立。
給付範圍	按被保險人過失輕重及受僱人傷殘程度斟酌給付，較不明確但較具彈性。	按保單約定之殘廢等級給付，明確但殘廢等級之傷殘需達全殘或功能喪失之程度始得適用。
醫療費用	包含在內無需另行加保，但健保給付部分不得重覆給付。	需另行加保，且健保給付部分不得重覆給付。

2　定期壽險

只要企業的員工身故，不管原因是意外或疾病，依勞基法規定，企業皆須依員工年資長短支付撫卹金作為員工家屬安家費，因而建議企業可與員工協議投保定期壽險的保險商品以轉移此風險。且因企業的委任經理人不強制適用勞基法

退休制度，故在與其約定退休金給付辦法時，尚可與相關定
期壽險商品做組合，使企業能以最少的成本做最有效的給付
辦法規劃。

3. 員工醫療險

　　員工受傷或患有職業病時，一般在勞工保險法規中皆規
定雇主應補償必要之醫療費用。因此企業有必要為員工投保
團體醫療險，以移轉企業因員工受傷或患職業病時，須負擔
補償費用之風險。

案例：×××人壽進軍團體醫療險　助推企業員工福利

2012 年 09 月 20 日　中國經濟網

　　×××人壽保險有限公司（以下簡稱「×××人壽」）在
北京宣佈其在我國正式啓動團體醫療險業務。據悉，其外方
股東美國×××集團為 9000 萬名客戶提供服務，是全美第
一大團體人壽保險供應商。在現有紮實的團險業務基礎上，
團體醫療險產品的推出將能夠為客戶提供更豐富、更創新的
產品和服務。

　　近年來，能否為員工提供強勁福利正逐步成為企業留住
人才的關鍵因素之一。2004 年 12 月，我國團體險市場正式
對外資保險公司開放。波士頓諮詢公司曾大膽預測我國團體
險市場規模會很快突破千億元。隨著近十年來中國經濟的不
斷發展，目前我國中小企業已達 1100 多萬戶，占全國實有
企業總數的 99%以上，創造了我國近 80%的城鎮就業崗位，
完成了 75%以上的企業技術創新，在經濟建設和社會建設中

發揮著越來越重要的作用。

本次團體醫療險發佈會上，美國××集團執行副總裁和全球員工福利業務負責人稱：「中國對於美國××集團來講是非常重要的市場。」作為中國團險市場上的一個重要參與者，××人壽現在針對尋求解決員工需求方案的企業推出了團體醫療險。美國××集團在美國、墨西哥和澳大利亞是員工福利業務的市場領先者。因此，在中國這個巨大而蓬勃成長的市場上，××人壽將因為獨特的定位而有望成為領先的員工福利提供者。

4. 安全防護保險

企業對於董事或重要員工可投保安全防護保險，除可使其在遭歹徒綁架、勒索、非法拘留，或搭乘之飛機、汽車、船舶遭歹徒劫持時，所引起如贖金、懸賞金、贖金運送損失、贖金貸款利息、薪資損失、無法親自處理財務的個人損失、危機處理顧問等費用與損失獲得補償外，保險公司的反綁架機制的啟動並提供專業援助，對協助董事、重要員工能脫險回到企業的危機處理上，將有很大之助益。

員工休閒空間的規劃

員工在公司上班的時間幾乎占去生活時間的大部分，故企業除應儘可能鼓勵、贊助員工在工作時間以外，多參加一些有益身心健康的體育、藝術、文化慈善等活動外，若企業能在辦公室或廠房設置充滿人文氣息的員工休息室、健康休

閒設施或幼兒托育中心等空間，讓員工的工作環境生活化，則除可直接讓員工的工作壓力及情緒獲得舒解地方外，企業與員工的互動，將不再只是冰冷的雇傭關係。員工身心能維持在良好平衡狀況，對公司亦有向心力，將能提高工作的效率。

案例：××人壽台灣總部大樓落成　全體同仁歡喜進駐

2008/03/26

一、多功能休閒空間，充分排解工作壓力：貼心規劃多功能的員工休閒空間，包括親子室、哺乳室、瑜珈教室、健身房、按摩椅，特別聘請了視障專業人士為同仁按摩，並規劃遊戲室增設手足球遊戲機、投籃機及時下最流行的遊戲機等休閒設備，讓員工在工作之虞可以充分排解壓力，調劑身心。

二、員工交誼廳促進員工情感交流：在總經理的堅持下，選擇在大樓的至高樓層 15 樓處規劃了寬敞的員工交誼廳，採用大片落地窗設計，寬廣的視野可遠眺 101 大樓及台北市美景，內設 2 台 42 吋大液晶電視，員工於此用餐時可以享受愉快的用餐時間，更促進同仁之間的情感交誼。總經理也強調，未來更考慮邀請身心障礙團體進駐並提供餐點服務，以創造就業機會並善盡社會責任。同時員工交誼廳內亦設置自動販賣機，提供泡麵、飲料等食品，讓員工可以隨時補充能量、放鬆心情。

三、空中花園，宛如置身世外桃源：在總部大樓頂樓規劃空
中花園，營造溫馨舒適的環境，讓員工在工作之虞可以
到此調劑身心，彷彿置身都市桃花源一般。

案例：金管會開 6 條件　××人壽：7 年不移轉股權

2012/11/28　聯合報

金管會針對標得 kk 人壽的××人壽開出六大條件，重點
包括：須加強資產負債管理、強化公司財務、設立三名獨董
等；另外，××人壽大股東也承諾七年不會轉售持股，長期
經營××人壽。保險局局長昨晚表示，已針對××人壽提出
六項要求：

××人壽接手 kk 人壽的有效保單後，須做好資產負債管
理，如果××人壽的「風險資本適足率（RBC）」不達標準，
一、必須增資。二、須強化公司財務。三、目前全球僅兩名獨
立董事，須再增設一名獨董。四、全球須加強資金運用管理及
風險控管。五、須加強內部稽核、內部控制。六、不動產投資
須符合金管會規定，若有關係人交易，金管會將嚴格控管。自
××建設入主××人壽後，積極加碼不動產。××人壽的不動
產投資金額，短短幾年內從零元成長到一百六十八億元左右。

作業環境安全的管理

作業環境安全的管理，主要為企業營運的相關作業系
統，例如電氣系統、高壓系統、動力傳送系統、物料傳送系
統、供水系統及工具機械、儀器或器材等，與員工及其所處

環境間彼此能量流動與轉化的均衡管理。例如：對於作業的執行應訂定工作安全規範並徹底執行，對危險性的區域應對員工作適當而充份的警告；對於較具危險性的工作則應予以足夠的安全防護訓練，並適當的增加員工的防護設備（如安全眼鏡、安全鞋）來調整員工與作業設備間能量互動關係，以防止員工滑倒、高處墜落、機械刺傷、破片割傷或重物壓傷等意外事故發生；添購輔助工具來操作輻射物設備，以降低游離輻射對員工身體的影響性；制定妥善有效的性別歧視及性騷擾防範措施及懲戒辦法。

　　總之，作業環境安全的管理，在於使員工職業災害事故及工廠、設備、材料、產品損失率能降低，並為員工維持及建立一個具有安全感的工作環境。

財產保險管理

　　企業的財產保險管理，實務上較常見的為運輸保險、汽車保險、火災保險、資金保險、員工誠實保證保險、營業中斷保險及公共意外責任保險等的管理。購買財產保險之目的，主要在於損害之填補。因此在投保時，須妥善規劃保險之條件與範圍，以達風險移轉之效果，故財產保險管理人對於上述保險之有效期間內之保險標的物項目、金額地點或資產使用性質等有變動時，應即刻通知保險公司簽發批單予以批註，以確保企業（被保險人）權益。投保的金額則須避免低於實際現金價值致造成不足額保險的情形。在保險事故發

生時,若為不足額保險,則保險人只能按保險金額占保險價額之比例來補償,不足額部分,視為被保險人自承損失。

在與保險公司簽立保險契約、續保、附加、變更,或回復保險前所應揭露知悉的事項中,企業是無須對下列事項揭露的:對減少保險公司所承保之危險;為一般常識者;保險公司已知悉或在其業務上應當知悉;保險公司放棄要求您履行義務的權利。茲將常見的財產保險管理分述如下,有關財產險出險應注意事項,讀者可參考本章表 9.3。

運輸保險管理

運輸包括被保險人自行運送或委託他人運送。此險種亦可以適用列舉式(named perils)或全險式(All Risks)來承保事故。一般而言,運輸保險的保險單均以倉庫至倉庫條款(Warehouse to Warehouse)方式承保,亦即保險為自貨物離開保險單載明的起運地倉庫或儲存處所開始運送時生效,並在運交保險單所載明的目的地售貨人或其它最終倉庫或儲存處所時為止。企業運用的運輸保險,常見的為陸上貨物運輸保險及海上貨物運輸保險。

就陸上貨物運輸保險而言,保險公司通常是以商業動產流動綜合保險來承保,其承保範圍為當保險標的物在所載區域內,且在被保險人之營業處所外,於正常運輸途中因保單所列舉的外來突發事件所致標的物的毀損或滅失時,負賠償責任。須注意的是,「正常運輸途中」係指始於開始裝載,經一般習慣上認為合理之運送路線及方法為運送,以迄於卸載

完成時止。至於海上貨物運輸保險，其屬航程保險，其效力除有其他約定者外，於貨物運抵目的地交付受貨人時方告終止。海上貨物運輸保險在管理上須注意下列事項：

保險投保時點

投保手續必需在運送風險開始以前辦理。實務上，投保之時機因進、出口業務之劃分而有所區別，就出口業務而言，出口保險需要船名及開航日期，故很多企業之投保時間往往在貨物上船（機）取得提單後，銀行押匯前。而其風險為在投保手續未完成前，承載貨物之船（機）已開航且發生意外時之損失，保險公司不必負責，企業（被保險人）需因此自承損失。

故保險最好在向船（航空）公司簽訂訂單並辦理報關事宜時，同時辦妥保險手續。另就進口業務而言，由於進口保單簽發前所發生之任何毀損或滅失，保險人不負賠償責任。為免於因輸入許可申請的延誤，致使未投保貨物已在運輸途中，進口商應先與保險公司聯繫並預作安排，即在寄發訂單予國外供應商時，即先填妥要保書送保險公司收存。

運費及保險費負擔

在外銷業務上運費與保險費應由賣方抑或買方負擔，端視出口條件而定。一般世界各國均採用國際商會之貿易條件國際規則解釋（International Rules for the Interpretation of Trade Terms，簡稱 INCOTERMS），茲就常見有關貿易條件重點說明如下：

1. FOB（Free on Board）：

　　係指船上交貨之貿易條件。賣方必須負責在約定日期或期間內將貨物運至買方指定港口及指定之船舶上交貨，並且繳納有關出口稅捐及負責裝船費用。貨物越過船舷（Ship's rail）後之風險與費用，以及與船方簽訂貨物裝運合約和支付運費均由買方負責。

2. C&F（Cost and Freight）：

　　係指包括成本及至目的港運費之貿易條件。賣方必須負責與船方簽訂貨物裝運合約和支付船公司在卸貨口岸之任何卸貨費用以及出口稅捐、裝船費等。貨物越過船舷後之風險及費用（海運費除外）由買方負擔。

3. CIF（Cost，Insurance and Freight）：

　　係指包括成本、保險費及運費之貿易條件，買賣雙方之責任基本上與 C&F 相同，但在此種條件下，賣方須負擔海上貨物保險之保險費。如係以 CIF Landed 條件交易者，賣方尚須負擔卸貨費（包括駁艇費及碼頭費）。

國貿術語解釋通則

E 組（發貨）	EXW	工廠交貨
		（……指定地點）
F 組（主要運費未付）		
FCA	貨交承運人	（……指定地點）
FAS	船邊交貨	（……指定裝運港）
FOB	船上交貨	（……指定裝運港）

C 組（主要運費已付）

CFR	成本加運費	（……指定目的港）
CIF	成本、保險費加運費付至	
		（……指定目的港）
CPT	運費付至	（……指定目的港）
CIP	運費、保險費付至	
		（……指定目的地）

D 組（到達）

DAF	邊境交貨	（……指定地點）
DES	目的港船上交貨	（……指定目的港）
DEQ	目的港碼頭交貨	（……指定目的港）
DDU	未完稅交貨	（……指定目的地）
DDP	完稅後交貨	（……指定目的地）

商業火災保險管理

　　火災保險的承保範圍可區分為列舉式與全險式二種，列舉式為火災保險所列之危險事故導致火災發生者，保險公司對保險標的物因此所生之損失，負賠償責任。全險式火災保險則為承保載明之不保事項外，於保險期間內，因突發而不可預料之意外事故所致之毀損滅失，保險公司對被保險人負賠償責任。

　　火災發生之共同特徵往往不外乎發覺過遲，致火勢難以及時受到控制，建築物室內沒有適當的防火區位設計，造成連鎖性嚴重損失。或不適當之通道設計，阻擋了救火車輛之救火。或大量易燃材料及溶劑之不適當組合與存放引發火災。

　　一般火災保險承保的危險事故有（1）火災、（2）爆炸引起之火災、（3）閃電雷擊等，附加險有：（1）爆炸險（2）地震險（3）颱風及洪水險（4）航空器墜落、機動車輛碰撞險（5）罷工、暴動、民眾騷擾、惡意破壞型危險（6）自動消防裝置滲漏險（7）竊盜險（8）煙薰險（9）水漬險（10）恐怖主義險（11）營業中斷險（12）第三人意外責任險（13）租金損失險等類。而商業火災保險理賠的金額，原則上以「實際現金價值」來計算，亦即以重建或重置所需之金額扣除折舊之餘額；而貨物則以其成本做為計算。

　　若投保金額不足而造成「不足額投保比例分攤」，或保單上載有自負額時，此部分損失則需由投保企業自行負擔。依照保險法規定，保險業者必須在 15 天之內完成理賠程序，但因上述期限起始日並不是火災當日，而是業者在事故發生 30 天內提出相關證明文件（主要是損失清單）、確認理賠金額無誤且損失鑑定報告經再保公司確認之後，才開始進行以 15 天為期的理賠程序。

案例　××雲林廠火警 16 日可復工

2012 年 2 月 15 日　中央社

　　××集團旗下生產尼龍布、聚酯布、輪胎簾布、紗線等紡織品的××興業，廠房二樓的漿紗機今晨發生火警冒出濃煙，經灌救已經撲滅，福懋表示，損失不多，清理後明天復工。

　　××興業表示，今天清晨 4 時 20 分左右，廠房二樓的

漿紗機冒出濃煙，操作員發現後立即通報現場主管，並疏散工作人員，××廠內自備的消防隊立刻出動滅火，並通報雲林縣消防隊。

　　××興業指出，現場火勢不大，但是煙冒得很多，經過努力灌救，清晨確定火勢已滅，檢查現場發現，僅損失一台漿紗機及部分紗線半成品，其他十餘台漿紗機完好無損，不影響產能，估計清理現場後，最快明天可復工生產。

汽車保險管理

　　汽車保險投保項目一般分為車體損失險、竊盜損失險、汽車第三人責任保險及任意汽車保險等。車體損失險因不同保障範圍而分甲式、乙式及丙式三種，假如公司備有室內停車位時，可考慮只選擇投保乙式，以節省保費支出。另如駕駛人受酒類影響駕駛被保險汽車所致之損失，保險人不負賠責任。有關汽車車體損失險保障範圍，讀者可參考表 9.2。

表 9.2　汽車車體損失險承保範圍

承保項目	承保範圍
甲式車體損失險	碰撞、傾覆 火災、閃電、雷擊、爆炸、拋擲物、墜落物 第三人非善意行為 不屬於保險契約特別載明為不保事項之任何其他原因
乙式車體損失險	碰撞、傾覆 火災、閃電、雷擊、爆炸、拋擲物、墜落物
丙式車體損失險	免自負額車對車碰撞損失保險

資金保險管理

資金保險管理主要可分為現金流量保險及現金保險的管理，現金流量的保險一般為先與金融機構協議，廠商先支付一筆錢，當洪水、地震等天災損失達一定程度以上時，金融機構撥付一筆資金，讓廠商分期攤還。或廠商購買由金融機構或保險公司發行的天災債券，若一定期間內發生天災時，發行機構再把資金還給廠商。

現金保險承保範圍為被保險人所有或負責管理之現金，因遭受竊盜、搶奪、強盜、火災、爆炸或運送人員、工具發生意外事故所致之損失負賠償之責。另運送中之現金包括薪資及帳款，其限額以每趟之最高運送金額為準，庫存現金以每日最高存放金額為準，櫃台現金則以設定一定之金額為準。

員工誠實保證保險管理

員工誠實保證保險承保範圍為保險公司對於被保險人所有依法應負責任或以任何名義保管之財產的被保證員工，在保證期間內，因單獨或共謀之不誠實行為所致之直接損失負賠償之責。

營業中斷保險管理

營業中斷保險承保範圍為對因發生承保在內之危險事故，致保險單載明之財產遭受毀損或滅失，直接所引起之營業中斷損失，負賠償之責。當有損失發生時，保險公司將以

被保險人直接因營業中斷所遭受之實際損失為賠償範圍，但以不超過營業中斷期間所減少之營業毛利扣除營業中斷期間不必繼續支付之各項費用後之餘額為限。

案例：營業中斷險理賠　大清查

2011.03.16　經濟日報

　　日本強震造成部分產業供應鏈中斷，波及國內產業，國內產險公司承保多家大廠的營業中斷保險，將因此出現保險理賠損失，金管會已下令所有保險公司展開清查。手機零組件大廠日商三菱瓦斯化學（Mitsubishi Gas Chemical）前天（14日）發信給客戶，宣布暫停供貨，也不接受下單，震撼手機產業供應鏈。業者擔心，若一個月內無法出貨，將引爆「斷鏈」危機。

　　日本強震導致多家公司受損，雖然營業中斷的是日本災區的公司，但因產業供應鏈中斷，導致包括台灣在內的其他國家相關產業受波及，也讓台灣的產險公司因此面臨可能的保險理賠損失。

　　產險業者指出，目前產業界投保的營業中斷險，主要有兩種，一是投保廠商本身因地震或停電等因素導致的營業中斷損失；另一是，投保廠商因上游廠商供貨中斷等因素導致的營業中斷損失，也稱為衍生性的營業中斷保險。如三菱宣布暫停供貨，海內外相關產業因此無法順利出貨，產業鏈中斷，也讓國內部分廠商的貨出不了，導致營業中斷，承保這家公司營業中斷險的國內保險公司，就會面臨理賠損失。

　　國內多數大型公司，包括科技、傳產及汽車公司等，投

保的營業中斷險保單中，都會有這項「衍生性營業中斷險」的保障條款。產險業者表示，地震造成的營業中斷，可能幾天或一周，就能回復營運，但若是輻射造成的營業中斷，要回復正常營業的時間，可能就更久了。可以預見，未來營業中斷險的費率，大概也是要漲定了。

產險業者表示，金管會這一、兩天已要求所有保險公司填報可能的理賠損失等相關資料，包括直接承保的保額，及因再保分進的保額。除了衍生性的營業中斷險外，國內產險公司承保的企業，如果是採取整個集團投保方式，也有可能因企業在日本有設廠，而出現直接承保的保險理賠損失。

公共意外責任保險管理

公共意外責任保險承保範圍主要為被保險人或員工在營業處所範圍內，經營業務時可能會因為人員疏忽或過失，建築物、通道、機器或其他工作物之設置、保養或管理有缺失而發生意外事故，導致第三人體傷、死亡或財物受損依法應負賠償責任而受賠償請求時，保險公司替企業負賠償之責。而以上所稱第三人係指被保險人及執勤中員工以外之人。

損害防阻管理

有鑑於企業財產損害防阻管理具有高度專業性，因此建議企業應善加利用保險公司或專業機構對企業所提供損害防阻的專業服務與建議。硬體部分，例如電氣設備、消防設備、生產

設備等，是否進行定期的安全檢查、保養維護及改善；軟體方面，例如各項安全衛生管理制度、消防設備使用及緊急應變計劃之教育訓練等是否定期實施，對此讀者可參考本章附錄三企業財產風險因子審查表。茲針對各類損害防阻說明如下。

火災事故損害防阻管理

火災事故之處理

1. 立即按下火警警報按鈕，或通知他人協助救火與報警消防隊。
2. 電氣火災時，先關閉電源，使用二氧化碳或乾粉滅火器滅火。
3. 油類火災使用乾粉或泡沫滅火器。並移開起火點附近易燃物。
4. 關閉（防火）門，防止濃煙或火勢蔓延。
5. 無法控制火勢時迅速逃離現場（但時間允許內救人為第一優先）。
6. 逃生時遇有傷者或行動不便者，應協助其逃離。
7. 消防隊到達現場時，主動告知火場情況以利救火及搶救受困者。
8. 火災後保留災後現場，檢查及初步估理損失，拍照存證。
9. 火災後填具出險通知書與保險公司理賠單位。
10. 火災後準備索賠資料向保險公司求償。

消防設備的設置

1. 輕便滅火器（泡沫，二氧化碳，乾粉）。
2. 自動警報設備（含自動火警探測器、手動報警機、警報標示燈、火警警鈴、火警受信機總機、緊急電源。）
3. 室內消防栓設備（每 25 公尺半徑範圍內應裝置一支）
4. 室外消防栓設備
5. 自動撒水設備

汽車事故損害防阻管理

汽車事故責任風險

　　汽車事故一旦發生，肇事者常須同時面對行政、民事、刑事等責任風險問題，而汽車保險只對車體損失險、第三人責任險負損害賠償責任，但行政和刑事責任，則不在負擔範圍內。茲對行政、民事、刑事等責任風險分述如下：

1. 行政責任

　　駕駛人違反交通安全規則，行政上之處分依情節輕重可分：（1）吊銷駕照（2）吊扣駕照（3）吊扣牌照（4）罰鍰等四種，並得接受道路交通安全講習。

2. 民事責任

　　民法規定因故意或過失不法侵害他人之權利，肇事之一方對於他方負損害賠償責任。賠償範圍，則包括積極損害（如

醫藥支付、受損財物之恢復原狀費等）及消極損害（如工作損失、精神慰藉金等）。

3. 刑事責任

　　駕駛人若因開車不慎肇事致人傷亡者，則構成刑法之過失傷害或致死罪。若駕駛人係屬從事業務之人，其刑責將較一般為重。

交通事故現場處理

　　保留事故現場，並放置警告標誌。立即通知憲警單位或連絡保險公司，處理事故現場。並將重傷人員即刻送醫急救。

事故標的之處理

　　查詢清楚對方駕駛人或車主姓名、地址及電話號碼、對方車之承保公司及保險單（證）號碼。受損車輛無法行駛者應即通知保險公司或修理廠前往救援。五日內攜帶保險單（證）、行照、駕照及被保險人印章至承保公司總公司或各地分公司及通訊處填寫理賠申請書。

駕駛人事故處理

　　未經保險公司同意之事故和解，理賠時保險公司是不受其約束的。故被保險汽車若被他車所撞，不要急者與對方私下和解，以免影響保險公司代位求償權及被保險汽車的保險權益。另被保險汽車之毀損滅失，在未經保險公司派員勘估前，亦最好不要逕行送汽車修理廠修理。

貨物運輸損害防阻管理

在運輸過程中，貨物因長時間暴露在種種難於預測之危險而遭受損害，然而大多數危險除不可抗拒之天災外，仍可藉由事先的防範與維護，使貨物損害減至最低程度。茲以出口貨物及進口貨物來舉例有效貨物損害防阻管理的方法：

出口貨物管理

1. 適當的包裝：

在貨物包裝時，應注意運輸過程中可能面臨的風險，如多重搬運、一般性撞擊、氣候變化等，並依貨物之特性，注意防震、防銹、防潮、防漏、防火、防爆等因素，如易碎品須加襯墊，易銹貨品應塗防銹油等。而包裝之大小及重量應適當，且最好將貨品包裝予以單位標準化，以利於搬運及減少損失。包裝若為危險品及易碎品應清楚標示，但貴重及容易被竊之貨品則儘量避免清楚標示。

2. 妥善處理交運貨物：

公司應責成內陸運送人、倉儲人員或攬貨人確實依約將貨物完好交予運送人，並避免將貨物堆置於碼頭或露天場地，以防偷竊及水濕。而有關裝船文件則應迅速交付受貨人，以便於貨到後能迅速完成各項手續清關提貨，避免因延誤造成不必要之損失。貴重貨物之託運，例如高價或古董、雕塑等貴重物品，應於託運時報明貨價，以確保貨損時之求償權益。另託運裝櫃時應特別注意，貨櫃本身是否有凹損、裂縫，

櫃門是否緊閉，貨櫃內部是否清潔、乾燥，以及用以固定之
釘鉤是否清除。貨物是否適切包裝以防潮、防擠壓，並利於
拆櫃後之搬運。

3. 貨櫃之裝載：

貨物必須妥善堆放，其原則不外乎貨物不得裝載超過貨
櫃之載重限制，重貨在下輕貨在上，重量須分配平均，若因
彼此接觸會造成污染之物須分開擺置等。另貨櫃內之空隙須
確實填補，無法包裝之貨物應確實固定，以避免海上運輸時，
因船舶擺盪造成櫃內貨物互撞而損壞。

進口貨物管理

進口貨物的卸貨港之特殊狀況應事先告知託運人，以便
託運人採取適當之因應措施。而為免進口貨物遭受偷竊及損
害，應儘速交付裝運文件以及早辦理提貨手續，如發現貨物
有損害時，應即設法防阻，以免繼續惡化與擴大，如重新打
包、整修或提供備用包裝材料。

運輸保險索賠

1. 損害之檢視

受貨人或其代理人應於提貨之前，仔細檢視貨物之外觀
是否完好，數量是否齊全，以確認在承保運輸過程中有無損
害發生。若貨物有損害發生，首先應依損害之性質，判斷其
責任之歸屬。若係供應廠商之疏忽所致，則應依買賣合約之
約定辦理索賠事宜；若損害係發生於運輸途中而為保險單所

承保時，則應配合相關索賠規定辦理，以保障被保險人應有
之權益。

如為貨櫃裝貨物，應注意貨櫃之封條是否完整，有無破
裂（Breakage）、彎曲（Bending）、水濕（Wetting）或滅失
（Loss）、短交（Non-Delivery）、重量短少（Shortage in
Weight），或與原始封條不符之情事。而保險標的損害程度一
般分類如下：

(1) 全損（Total Loss）

　① 推定全損（Constructive Total Loss）

　　　指保險標的物之實際全損，在技術上或法律上
　　　似已確立無可避免，或其施救、整理及繼續運往目
　　　的地之必要合理費用，將超過其被保全後的價值而
　　　經合理委付者而言。

　② 實際全損（Actual Total Loss）

　　　被保險標的物如已完全被毀壞，標的物已非原
　　　屬之種類而變成廢物，標的物雖仍存原形，但已不
　　　可擁有使用，或貨物裝載於已列為失蹤之船舶標的
　　　物等，即得視為實際全損。

(2) 分損（Partial Loss）

　① 共同海損（General Average）

　　　船舶、貨物及運費遭遇共同危險時，為防避該
　　　共同危險，船長採取自願或應急之必要措施或將船
　　　貨之一部分作異常犧牲，其因而遭受之損害或支出

之異常費用，因皆由共同海損行為而生，應由受到保全利益之利害關係人共同分擔者。

② 單獨海損（Particular Average）

貨物因被保險事故而發生遭致一部分的毀損、滅失或一部分無法恢復原狀之部分損失，不屬於共同海損而應由被保險人單獨負擔者。

2. 損害之通知

貨物之毀損或滅失顯著，受貨人於提貨時，應立即通知保險人或其指定之理賠代理人作必要之處理及安排公證，並同時將損害情形通知運送人，或其他與貨損責任有關之人，使其有機會參與貨損之檢驗，而利日後之理賠。貨物之毀損或滅失不顯著，受貨人應儘速開箱檢驗，並於提貨後三日內，將貨物之損害情形分別通知保險人、運送人及上述其他關係人，以符合手續之規定。

3. 損害之檢驗

保險公司收到損害通知後，通常會安排公證及進行檢驗。公證人如由被保險人延聘須徵得保險公司同意。其檢驗工作應在海關倉庫或貨櫃場進行。如情況特殊，檢驗必須於受貨人的倉庫內進行時，亦應在海關倉庫或貨櫃場提貨前，先作外觀初步之檢驗，以確定貨物之損害是否發生於運送人承運期間以內。對於受損之貨物，應儘量保持原狀，如為整櫃運送，除保留破損或不符之封條外，對受損之貨櫃，切勿逕行開櫃卸貨並歸還貨櫃，應予保留原地，待保險人代表或公證人到場後，再行會同運送人檢驗。

4. 索賠時效及文件

　　依據海商法第一九二條規定，要保人或被保險人自接到貨物之日起一個月內不將貨物所受損害通知保險人或其代理人時，視為無損害。至於賠款請求之時效，依保險法規定，自得請求之日起經二年不行使而消滅。索賠須備之文件如下：

(1) 索賠函（Claim Letter）及索賠清單（Statement of Claim）。

(2) 保險單或保險證書正本（Original Policy／Certificate of Insurance）。

(3) 提單／運送契約副本（Signed Copy of Bill of Lading／Contract of Carriage）。

(4) 商業發票（Commercial Invoice）。

(5) 裝箱單副本（Packing List）如為散裝貨物，則不須此項文件。

(6) 保險公司指定或認可之公證公司出具之查勘檢定報告書正本（Survey Report）。

(7) 運送人或其他有關方面出具承認貨損責任之破損證明文件正本（Damage Report／Exception List Etc.）。

(8) 被保險人對運送人或其他與貨損責任有關之人（如倉庫管理人、貨櫃場管理）所為貨損索賠一切往來函件及對方回函副本。

(9) 其他因案而異所需之文件。

代位求償權的管理

當意外產生時，固然可檢具相關損失證明資料直接向肇事廠商索賠外，例如財產損失、營業利益損失或重建復原所額外支出之費用等，尚可向調解委員會提出和解申請書或向法院提出訴訟。如果企業已有投保時，可先向保險公司申請理賠後，再將代位求償權轉給保險公司，由保險公司出面向肇事廠商索賠，這樣對受害廠商最為有利，因為廠商可較早得到賠償，填補損失。因此，為確實保障保險公司之代位求償權，對第三人損害責任求償權之保留與行使，須特別注意損失標的處理過程應注意之規定。

例如受貨人在處理貨損之過程上，應注意除按規定發出損害通知外，應設法向有關方面取得貨損證明文件，如：件數短少時之短卸證明單。毀損或滅失時之事故證明單。以上文件如係船邊提貨，應逕向船方索取。如非船邊提貨，則應向提貨處所之海關或貨櫃場倉庫索取。而對於貨損不明確但有損害之虞者，除另有書面聲明保留索賠權益外，切勿簽具清潔收據。若貨物涉及內陸運輸而於內陸倉庫驗收時，受貨人應責成其倉庫管理員自內陸運送人取得上述必要之貨損證明文件。如船方或其他有關方面必須會同檢驗時，應以書面通知，以便存證。另肇事廠商與受害廠商若為共同被保險人時，則保險公司將無法代位向肇事廠商求償。有關保險出險應注意事項，請參照表 9.3。

表 9.3　保險出險應注意事項

1. 保險事故發生後，應儘速通知保險公司。
2. 防止損失擴大所生之費用，保險公司亦負賠償之責。
3. 保留災後現場，使保險公司順利鑑定損失發生原因，及估計實際損失狀況。
4. 提出賠償申請書，損失清單，損失原因證明及其他保險公司要求之各項證明文件。
5. 若被保險人之損失是由第三人引起，未得保險公司同意前，不得自行與肇事之第三人和解。
6. 協助保險公司進行損失調查與法律訴訟。

附錄

附錄一　企業商標價值重估資料表

---

1. 公司基本資料：
   公司簡介、經營概況、設立源由、營業項目、組織系統、職掌、目前行銷概況
2. 公司沿革簡介、執照、營利事業登記證、工廠執照
3. 財務報表（資產負債表、損益表）《商標權銷售年度及其核准前後三年度》
4. 申請商標時之相關資料、招牌規格及設計相關資料
5. 商標之廣告成本（商標權銷售年度）
6. 印有『商標』產品（型錄、電視影帶、招牌、包裝紙、信籤、信封等一切樣本有印上『商標』之廣告文件）及其詳細照片或圖片
7. 商標公報內容、商標註冊登記簿謄本
8. 產品樣品（該商標有出現過的產品、放置地點）
9. 產品材料明細（指該印有商標產品材料及該產品之製造直接成本）
10. 產品銷售資料（產品年銷售量、每單位出廠價、毛利、零售價）貨物稅憑證
11. 成本費（商標設計經費資料、製造經費資料、商標專用權創作權益經費資料、推展經費資料：例如廣告費、業務員推展費等）
12. 商標授權之契約書及其他相關收入之資料
13. 商標產品之市場收益利潤

附錄二　企業資訊系統風險因子審查表

審　查　項　目
1. 是否加強員工電腦操作熟悉度訓練，以減少錯誤發生. 　　□是　□否　□其他
2. 是否加強員工資訊安全的教育訓練與相關法令宣導. 　　□是　□否　□其他
3. 電腦機房是否管制，使閒雜人無法隨意進入. 　　□是　□否　□其他
4. 電腦使用密碼是否保密，並不定期更換密碼. 　　□是　□否　□其他
5. 報表丟棄時，是否先用碎紙機處理，以避免資訊外洩. 　　□是　□否　□其他
6. 是否定期進行系統安全與災害回復的教育訓練. 　　□是　□否　□其他
7. 是否定期測試備援系統與製作備份磁帶. 　　□是　□否　□其他
8. 是否落實電子計算機內控的作業程序. 　　□是　□否　□其他

附錄三　企業財產風險因子審查表

財產名稱					
財產地址					
財產管理人				電話	
查驗人員		查驗日期		聯絡人	

一、財產設備場所說明

  1. 使用性質：　　　　　　　　使用年限：

  2. 與企業經營事項關係：

  3. 操作/使用人數：　　　　人

  4. 工作班制：　　　　班　　，工作時間：　　　　，每周工作　　　　天

  5. 所有權：①自有　　　②承租

  6. 其他：

二、財產設備保險範圍：

三、財產設備場所周圍環境

  1. 財產設備位於：①工業區，②住宅區，③住商混合，④農業區，⑤其他：

  2. 附近環境：①繁雜，②單純，③近市區，④偏僻

  3. 附近地形：①山坡地，②平地，③海邊，④河川附近，⑤其他：

  4. 財產設備場所外主要道路寬　　　　公尺

    附近交通狀況：①擁擠，　　　　②尚可，　　　　③通暢

    消防車輛是否易於進入：是　　　　　，　　否

  5. 鄰近風險：

	距離（M）	使用性質	建築情形
東（前）			
西（後）			
南（左）			
北（右）			

四、生產流程

　　原料：

　　產品：

五、財產設備場所標的物結構

　1.整體維修情形：

　2.防火區劃單位：

　3.是否為違章建築：

　4.其它：

六、財產設備場所公用設施

　1.電力供給情形：

　2.變壓器：
　　防火牆：

　　滅火系統：

　3.鍋爐：
　　種類型式：_____，數量：_____
　　熱傳面積：_____
　　最高使用壓力：_____，操作壓力：_____
　　使用燃料：_____，鍋爐啓用日期：_____
　4.空調系統：①中央空調系統，②獨立系統，③自然通風
　5.避雷針：
　6.其它：

```
┌─────────────────────────────────────────────────────────┐
│ 七、財產設備場所貨物概況                                    │
│                                                           │
│   1.貨物名稱：                                             │
│                                                           │
│   2.貨物形態：                                             │
│                                                           │
│   3.貨物分倉管理方式：                                      │
│                                                           │
│   4.貨物包裝方式：                                         │
│                                                           │
│   5.貨物堆放：                                             │
│                                                           │
│   6.貨物堆放高度：                                         │
│                                                           │
│   7.貨物堆放間通道：                                       │
│                                                           │
│   9.倉庫消防防護設施情形：                                  │
│                                                           │
│   10.其它：                                               │
│                                                           │
│                                                           │
│                                                           │
│ 八、財產設備場所特殊風險                                    │
│   1.作業風險防護方式：                                      │
│   2.有否使用易燃氣體、液體或固體：                          │
│      易燃物料：名稱_____，數量_____                  │
│              名稱_____，數量_____                   │
│              名稱_____，數量_____                   │
│      儲存方式：                                           │
│   3.可燃性粉塵：            種類：                          │
└─────────────────────────────────────────────────────────┘
```

九、財產設備場所消防設備

1. 種類型式：

型式					
電動式	柴油式				

2. 室內消防栓：①數量：　　　，②口徑：　　　，③有效防護面積
   維護情形：

3. 室外消防栓：①數量：　　　，②口徑：　　　，③有效防護面積
   維護情形：

4. 自動撒水設備：　　　，防護區域：　　　，有效防護面積
   維護情形：＿＿＿＿＿＿＿＿

5. 消防水源：
   □共用　□專用。有效消防水源＿＿＿噸，其他水源＿＿噸。

6. 火警自動警報設備：□無　　，□有；有效防護面積＿＿＿＿＿＿％
   受信總機設置位置：＿＿＿＿＿，
   24 小時是否有人看守：□無　　，□有：維護情形：＿＿＿＿＿

7. 滅火器：□無　　　　　，□有

種類	數量	防護區域	是否在有效期限內	壓力是否正常
乾粉				
二氧化碳				
海龍				

8. 緊急發電機：□無，□有；發電量＿＿＿＿仟瓦（kw），數量＿＿＿＿台

9. 緊急排煙裝置：＿＿＿＿＿＿＿＿

10. 最近公設消防隊：行車距離＿＿＿＿公里，行車時間＿＿＿＿＿分鐘。

11. 有無消防安全設備檢修報告書：□無，□有

12. 員工消防訓練：＿＿＿＿＿＿＿＿＿＿＿

13. 其它補述：

十、財產設備場所安全管理

1. 警衛：□無，□有；守衛共＿＿＿人，夜間＿＿＿人，＿＿＿小時巡邏一次，全廠巡邏打卡站數＿＿＿站，人員進出管制：□無，□有

2. 保全：□無，□有；＿＿＿公司

3. 監視系統（CCTV）：□無，□有；監視螢幕設置於：＿＿＿

4. 吸煙管制：□無，□有；吸煙區設置於：＿＿＿

5. 動火管制：□無，□有

6. 內部管理：□良好，□尚可，□不佳

7. 廢料處置：□集中堆放，□零散堆放，□定期處理，□不定期處理廢棄物貯放區距建築物約＿＿＿＿公尺可燃物或廢油布是否置於適當的金屬容器內：□是　　□否

8. 廠內配線是否凌亂老舊：□是　　□否

9. 機器設備是否定期保養：□是　　□否

十一、財產設備場所其他暴露風險評估

十二、財產設備場所損失記錄及改善防護情形

參考文獻

一、中文參考書籍

01. 宋明哲　著（2000）－風險管理：非金融風險
02. 鄭燦堂　著（1995）－風險管理：理論與實務
03. David E. Bell&Arthur Schleifer，Jr.著／蔣永芳　譯（1997）－風險管理
04. Emmett J.Vaughan 著／陳尚婷　譯（1997）－風險管理
05. 筒井信行　著／賴青松　譯（1999）－風險管理
06. 鄧家駒　著（1998）－風險管理
07. 葉英俊　著（1984）－國外徵信理論與實務
08. 中小企業聯合輔導中心　編著（1986）－企業徵信與呆帳預防
09. 產物保險商業同業公會（2000）－財產保險業務員基本教育訓練教材
10. 陳美月　著（1999）－管理會計／規劃、控制與決策觀念
11. 陳隆麒　著（1999）－當代財務管理
12. 毛慶生／朱敬一／林全／許松根／陳昭南／陳添枝／黃朝熙　合著（1998）－經濟學
13. 傅和彥／黃士滔　著（1999）－品質管理
14. Lawrence S.kleiman 著／劉秀娟、湯志安譯（1998）－人力資源管理：取得競爭優勢之利器
15. 洪順慶　著（1999）－行銷管理
16. 歐陽勛／黃仁德　著（1993）－國際金融理論與制度
17. 黃仁德／蔡文雄　著（1995）－國際金融市場理論與實務
18. 黃偉峰　著（2002）－併購實務的第一本書

19. 中小企業聯合輔導中心　編著（1994）－外匯操作解析
20. 謝劍平／周昆　著（1996）－投資銀行
21. 趙碧華／朱美珍　編譯（1995）－研究方法/社會工作暨人文科學領域的運用
22. Robert S . Kaplan & David P . Norton 著／朱道凱　譯（1999）－平衡計分卡
23. 伍忠賢　著（1997）－創業成真
24. John Micklethwait & Adrian Wooldridge 著／汪仲　譯（1998）－企業巫醫
25. 經濟部商業司　編印（1993）－流通經營小百科
26. 賴清源　著（1995）－銀行不動產鑑價實務
27. 顏炳立　著（1997）－不動產投資與估價
28. 匡乃俊　著（1995）－國際合約談判實務
29. 郭建勳　注譯（1996）－新譯易經讀本
30. 孫振聲　編著（1991）－白話易經
31. 南懷瑾　著（2002）－易經繫傳別講（上、下傳）
32. 閔建蜀　著（2001）－易經的領導智慧
33. 張廷榮　著（2002）－易學與中醫研究
34. 馮作民　譯註（1985）－白話東萊博議
35. 徐瑜　導讀（1989）－孫子兵法
36. 楊維傑　編著（1991）－內經知要譯解
37. 彭蔚安　編著（1991）－中國醫學入門
38. 余培林　注譯（1973）－新譯老子讀本
39. 陳紀安　著（2001）－美國法律
40. 張聰德　著（2003）－400 台商違法案例實務分析
41. 由本泰正&淵本康方&稻葉英幸　著／吳樹文　譯（1996）－國際合約指南
42. Morey Stettner 著／黃聖峰譯（2003）－新經理人成功管理手冊
43. 葉長齡　著（2009）－商業策略管理

二、英文參考書籍

01. Philip Kotler－Marketing Management（Ninth Edition）
02. David F.Scott, Jr.; JohnD.Martin; J.William Petty; Arthur J.Keown
－Basic Financial Management（Eighth Edition）
03. Mike Bazley; Phil Hancock; Aidan Berry; Robin Jarvis－Contemporary accounting：
04. Rudiger Dornbusch; Stanley Fischer; Richard Startz －Macroeconomics（Seventh Edition）
05. Turban; McLean; Wetherbe－Information Technology For Management（Second Edition）
06. Alex Miller－Strategic Management（Third Edition）
07. Doug Stace . Dexter Dunphy（1999）－Beyond The Boundaries
08. KrystynaWeinstein（1999）－Action Learning（Second Edition）
09. Stern, Joel M., Donald H. Chew Jr. ed..（1997）－The Revolution in Corporate Finance（Third Edition）
10. Grinblatt, Mark, Sheridan Titman.（1997）－Financial Markets and Corporate Strategy.
11. Steven L.. Emanuel（1999）－Contracts（emanuel law outlines）
12. Steven L.. Emanuel（2002）－Torts（emanuel law outlines）
13. Steven L.. Emanuel（2000）－Criminal Law（emanuel law outlines）

要商管01　PF0119

✳ 要有光　　企業風險管理實務
　　FIAT LUX

作　　者	葉長齡
責任編輯	蔡曉雯
圖文排版	王思敏
封面設計	秦禎翊

出版策劃	要有光
製作發行	秀威資訊科技股份有限公司
	114 台北市內湖區瑞光路76巷65號1樓
	電話：+886-2-2796-3638　傳真：+886-2-2796-1377
	服務信箱：service@showwe.com.tw
	http://www.showwe.com.tw
郵政劃撥	19563868　戶名：秀威資訊科技股份有限公司
展售門市	國家書店【松江門市】
	104 台北市中山區松江路209號1樓
	電話：+886-2-2518-0207　傳真：+886-2-2518-0778
網路訂購	秀威網路書店：http://www.bodbooks.com.tw
	國家網路書店：http://www.govbooks.com.tw
法律顧問	毛國樑　律師
總 經 銷	易可數位行銷股份有限公司
	地址：231新北市新店區寶橋路235巷6弄3號5樓
	電話：+886-2-8911-0825　傳真：+886-2-8911-0801
	e-mail：book-info@ecorebooks.com
	易可部落格：http://ecorebooks.pixnet.net/blog

出版日期	2013年10月　BOD一版
定　　價	390元

國家圖書館出版品預行編目

企業風險管理實務 / 葉長齡著. -- 初版. -- 臺北市：要有
光, 2013. 10
面；　公分. -- (要商管；PF0119)
ISBN 978-986-89852-9-2 (平裝)

1. 風險管理　2. 企業管理

494.6   102017686

讀 者 回 函 卡

感謝您購買本書，為提升服務品質，請填妥以下資料，將讀者回函卡直接寄回或傳真本公司，收到您的寶貴意見後，我們會收藏記錄及檢討，謝謝！
如您需要了解本公司最新出版書目、購書優惠或企劃活動，歡迎您上網查詢或下載相關資料：http:// www.showwe.com.tw

您購買的書名：_____

出生日期：_____年_____月_____日

學歷：□高中 (含) 以下　　□大專　　□研究所 (含) 以上

職業：□製造業　□金融業　□資訊業　□軍警　□傳播業　□自由業
　　　□服務業　□公務員　□教職　　□學生　□家管　　□其它_____

購書地點：□網路書店　□實體書店　□書展　□郵購　□贈閱　□其他

您從何得知本書的消息？

　□網路書店　□實體書店　□網路搜尋　□電子報　□書訊　□雜誌
　□傳播媒體　□親友推薦　□網站推薦　□部落格　□其他_____

您對本書的評價：(請填代號 1.非常滿意 2.滿意 3.尚可 4.再改進)

　封面設計____　版面編排____　內容____　文／譯筆____　價格____

讀完書後您覺得：

　□很有收穫　□有收穫　□收穫不多　□沒收穫

對我們的建議：_____

_____

_____

_____

請貼
郵票

11466
台北市內湖區瑞光路 76 巷 65 號 1 樓
秀威資訊科技股份有限公司　　　收
BOD 數位出版事業部

··

（請沿線對折寄回，謝謝！）

姓　　名：＿＿＿＿＿＿＿　年齡：＿＿＿　性別：□女　□男

郵遞區號：□□□□□

地　　址：＿＿＿＿＿＿＿＿＿＿＿＿＿＿＿＿＿＿＿

聯絡電話：(日) ＿＿＿＿＿＿＿＿(夜) ＿＿＿＿＿＿＿＿

E-mail：＿＿＿＿＿＿＿＿＿＿＿＿＿＿＿＿＿